专用于国家职业技能鉴定

国家职业资格培训教程

六氟化铀制备工

（技师技能　高级技师技能）

中国核工业集团有限公司人力资源部
中 国 原 子 能 工 业 有 限 公 司　组织编写

中国原子能出版社

图书在版编目（CIP）数据

六氟化铀制备工：技师技能　高级技师技能 / 中国核工业集团有限公司人力资源部，中国原子能工业有限公司组织编写．—北京：中国原子能出版社，2020.9

国家职业资格培训教程

ISBN 978-7-5221-0797-4

Ⅰ．①六…　Ⅱ．①中…②中…　Ⅲ．①六氟化铀-制备-技术培训-教材　Ⅳ．①TL213

中国版本图书馆 CIP 数据核字（2020）第 159930 号

六氟化铀制备工（技师技能　高级技师技能）

出版发行　中国原子能出版社（北京市海淀区阜成路 43 号　100048）

责任编辑　张　琳

责任校对　冯莲凤

责任印制　潘玉玲

印　　刷　保定市中画美凯印刷有限公司

经　　销　全国新华书店

开　　本　787 mm×1092 mm　1/16

印　　张　11

字　　数　275 千字

版　　次　2020 年 9 月第 1 版　2020 年 9 月第 1 次印刷

书　　号　ISBN 978-7-5221-0797-4　　**定　价**　**78.00 元**

网址：http://www.aep.com.cn　　**E-mail：atomep123@126.com**

发行电话：010-68452845

国家职业资格培训教程

六氟化铀制备工
（技师技能　高级技师技能）

编审委员会名单

主　任　余剑锋

副主任　祖　斌

委　员　王安民　赵积柱　吴秀江　杨永平
王俊峰　霍颖颖　陈璐璐　周　伟
刘士鹏　王　健　李天福　李高建
王小刚　张　媛　张士军　刘玉山
何　石

主　编　高兴星

编　者　陈建勇　马智刚　李振峰　刘建车
向锡洪　张振兴

主　审　李天福　魏　刚

审　者　王　健　李高建　武廷玉　王　斌
刘文彬　王建平　张　媛

前　　言

为推动核行业特有职业技能培训和职业技能鉴定工作的开展，在核行业特有职业从业人员中推行国家职业资格证书制度，在人力资源和社会保障部的指导下，中国核工业集团有限公司人力资源部组织有关专家编写了《国家职业资格培训教程——六氟化铀制备工》(以下简称《教程》)。

《教程》以国家职业标准为依据，内容上力求体现"以职业活动为导向，以职业技能为核心"的指导思想，紧密结合实际工作需要，注重突出职业培训特色；结构上针对本职业的职业活动的领域，按照模块化的方式，分为初级技能、中级技能、高级技能、技师技能、高级技师技能五个等级进行编写。本《教程》中的章对应于职业标准的"职业功能"，节对应于职业标准的"工作内容"；每节涵盖了职业标准中的"技能要求"和"相关知识"的基本内容。此外，针对职业标准中的"基本要求"，还专门编写了《六氟化铀制备工(基础知识》一书，内容涉及：职业道德、专业基础知识、安全文明生产与环境保护知识、质量管理知识和相关法律、法规知识等。

本《教程》适用于六氟化铀制备工的初级、中级、高级、技师、高级技师培训，是六氟化铀制备工职业技能鉴定的指定辅导用书。

本《教程》由高兴星、陈建勇、马智刚、李振峰、刘建车、向锡洪、张振兴等同志编写，李天福、魏刚、王健、李高健、武廷玉、王斌、刘文彬、王建平、张媛等同志审核。中核四〇四有限公司承担了本《教程》的编写工作。

由于编者水平有限，时间仓促，加之科学技术的发展，教材中不足与错误之处在所难免，欢迎提出宝贵意见和建议。

中国核工业集团有限公司人力资源部
中国原子能工业有限公司

目　　录

第一部分　技师技能

第二部分　高级技师技能

第一部分　技师技能

第一章　氟化反应器操作技师技能

第一节　自控仪表知识

学习目标:通过本部分的学习,使学员了解铀转化厂氟化生产工序常用的检测仪表和DCS系统的基本知识。

一、铀转化厂主要检测仪表及调节系统

铀转化厂与其他化工企业一样,最常遇到的是温度、压力、流量和物位四种参数的检测问题。由于铀转化厂工艺和检测介质的特殊性,对自控仪表来说,除了要满足主工艺和其他辅助工艺的生产和操作要求外,还要验证一系列新的测量仪表和控制设备在铀转化厂应用的可靠性和安全性,并通过试验运行,对测量仪表和控制设备进行改进,取得必要的技术参数和运行经验。

铀转化厂所有工艺参数的显示主要由DCS系统实现,在中央控制室集中显示。

根据铀转化厂的特点,对放射性介质的测量采取了两类措施:

(1) 非接触测量:包括吹气仪表、抽芯式和贴壁式温度计等;

(2) 间接式测量:包括空气质量流量控制器、金属管浮子流量计等。

铀转化厂的主要工艺检测项目及检测仪表类型见表1-1。

表1-1　铀转化厂的主要工艺检测项目及检测仪表类型

序号	工艺检测项目	检测仪表类型
1	料面、床层压差	吹气仪表
2	温度	热电偶,铂电阻
3	气体流量	浮子,孔板
4	压力,压差	电容,微差压
5	非放射性液体液面	浮筒,磁翻板,雷达液面计
6	物料重量	电子秤,地上衡

调节系统的执行机构有气动薄膜调节阀,可控硅调功器,接触器等,调节系统通过 DCS 系统实现。远距离操作的还有大量的气缸阀,大部分气缸阀通过控制台人工操作控制,少部分气缸阀与有安全功能要求的工艺参数连锁。对于有安全功能要求的安全二级的仪表和控制系统均采取了多重性和多样性措施。

铀转化厂的主要工艺设备的调节系统见表 1-2。

表 1-2 铀转化厂的主要工艺设备的调节系统

序号	工艺设备	调节系统
1	氟化反应器	进料流量,操作压力,温度,压差
2	冷凝器	进料流量,重量,容器压力,温度
3	产品容器	流量,进料流量,温度、压差
4	吸收塔	温度,负压

二、DCS 系统的基本知识

1. DCS 控制系统的特点

DCS 是分散控制系统(Distributed Control System)的简称,国内一般习惯称为集散控制系统,是以微处理为基础的集中分散控制系统。它是一个由过程控制级和过程监控级组成的以通信网络为纽带的多级计算机系统,综合了计算机(Computer)、通讯(Communication)、显示(CRT)和控制(Control)等 4 种技术,其基本思想是分散控制、集中操作、分级管理、灵活配置、方便组态。它的主要特征是集中管理和分散控制。基本思路:

➢ 把集中的计算机控制系统分解为分散的控制系统,有专门的过程分散控制装置,在过程控制级各自完成过程中的部分控制和操作。

➢ 从模拟电动仪表的操作习惯出发,开发人—机间良好的操作界面,用于操作人员的监视操作。

➢ 为了使操作站与过程控制装置之间建立数据的联系,建立数据的通信系统,使数据能在操作人员和生产过程间相互传递。

DCS 控制系统的特点

(1) 高可靠性

由于 DCS 将系统控制功能分散在各台计算机上实现,系统结构采用容错设计,因此某一台计算机出现的故障不会导致系统其他功能的丧失。此外,由于系统中各台计算机所承担的任务比较单一,可以针对需要实现的功能采用具有特定结构和软件的专用计算机,从而使系统中每台计算机的可靠性也得到提高。

(2) 开放性

DCS 采用开放式、标准化、模块化和系列化设计,系统中各台计算机采用局域网方式通信,实现信息传输,当需要改变或扩充系统功能时,可将新增计算机方便地连入系统通信网络或从网络中卸下,几乎不影响系统其他计算机的工作。

(3) 灵活性

通过组态软件根据不同的流程应用对象进行软硬件组态,即确定测量与控制信号及相互间连接关系、从控制算法库选择适用的控制规律以及从图形库调用基本图形组成所需的各种监控和报警画面，从而方便地构成所需的控制系统。

(4) 易于维护

功能单一的小型或微型专用计算机，具有维护简单、方便的特点，当某一局部或某个计算机出现故障时，可以在不影响整个系统运行的情况下在线更换，迅速排除故障。

(5) 协调性

各工作站之间通过通信网络传送各种数据，整个系统信息共享，协调工作，以完成控制系统的总体功能和优化处理。

(6) 控制功能齐全

控制算法丰富，集连续控制、顺序控制和批处理控制于一体，可实现串级、前馈、解耦、自适应和预测控制等先进控制，并可方便地加入所需的特殊控制算法。

DCS 的构成方式十分灵活，可由专用的管理计算机站、操作员站、工程师站、记录站、现场控制站和数据采集站等组成，也可由通用的服务器、工业控制计算机和可编程控制器构成。处于底层的过程控制级一般由分散的现场控制站、数据采集站等就地实现数据采集和控制，并通过数据通信网络传送到生产监控级计算机。生产监控级对来自过程控制级的数据进行集中操作管理，如各种优化计算、统计报表、故障诊断、显示报警等。随着计算机技术的发展，DCS 可以按照需要与更高性能的计算机设备通过网络连接来实现更高级的集中管理功能，如计划调度、仓储管理、能源管理等。

2. DCS 的技术特性

1) 系统主要有现场控制站(I/O 站)、数据通讯系统、人机接口单元(操作员站 OPS、工程师站 ENS)、机柜、电源等组成。系统具备开放的体系结构，可以提供多层开放数据接口。

2) 硬件系统在恶劣的工业现场具有高度的可靠性、维修方便、工艺先进。底层汉化的软件平台具备强大的处理功能，并提供方便的组态复杂控制系统的能力与用户自主开发专用高级控制算法的支持能力；易于组态，易于使用。支持多种现场总线标准以便适应未来的扩充需要。

3) 系统的设计采用合适的冗余配置和诊断至模件级的自诊断功能，具有高度的可靠性。系统内任一组件发生故障，均不会影响整个系统的工作。

4) 系统的参数、报警、自诊断及其他管理功能高度集中在 CRT 上显示和在打印机上打印，控制系统在功能和物理上真正分散。

5) 整个系统的可利用率至少为 99.9%；系统平均无故障时间为 10 万小时，实现了核电、火电、热电、石化、化工、冶金、建材诸多领域的完整监控。

6) “域”的概念。把大型控制系统用高速实时冗余网络分成若干相对独立的分系统，一个分系统构成一个域，各域共享管理和操作数据，而每个域内又是一个功能完整的 DCS 系统，以便更好的满足用户的使用。

7) 标准的控制组态软件。可以实现任何监测、控制要求。

8) 可扩展性和可裁剪性。保证经济性。

在系统功能方面，DCS 和集中式控制系统的区别不大，但在系统功能的实现方法上却完全不同。

首先,DCS的骨架——系统网络,它是DCS的基础和核心。由于网络对于DCS整个系统的实时性、可靠性和扩充性,起着决定性的作用,因此各厂家都在这方面进行了精心的设计。对于DCS的系统网络来说,它必须满足实时性的要求,即在确定的时间限度内完成信息的传送。这里所说的"确定"的时间限度,是指在无论何种情况下,信息传送都能在这个时间限度内完成,而这个时间限度则是根据被控制过程的实时性要求确定的。因此,衡量系统网络性能的指标并不是网络的速率,即通常所说的每秒比特数(bps),而是系统网络的实时性,即能在多长的时间内确保所需信息的传输完成。系统网络还必须非常可靠,无论在任何情况下,网络通信都不能中断,因此多数厂家的DCS均采用双总线、环形或双重星形的网络拓扑结构。为了满足系统扩充性的要求,系统网络上可接入的最大节点数量应比实际使用的节点数量大若干倍。这样,一方面可以随时增加新的节点,另一方面也可以使系统网络运行于较轻的通信负荷状态,以确保系统的实时性和可靠性。在系统实际运行过程中,各个节点的上网和下网是随时可能发生的,特别是操作员站,这样,网络重构会经常进行,而这种操作绝对不能影响系统的正常运行,因此,系统网络应该具有很强在线网络重构功能。

其次,这是一种完全对现场I/O处理并实现直接数字控制(DOS)功能的网络节点。一般一套DCS中要设置现场I/O控制站,用以分担整个系统的I/O和控制功能。这样既可以避免由于一个站点失效造成整个系统的失效,提高系统可靠性,也可以使各站点分担数据采集和控制功能,有利于提高整个系统的性能。DCS的操作员站是处理一切与运行操作有关的人机界面(HMI-Human Machine Interface或operator interface)功能的网络节点。

系统网络是DCS的工程师站,它是对DCS进行离线的配置、组态工作和在线的系统监督、控制、维护的网络节点,其主要功能是提供对DCS进行组态,配置工作的工具软件(即组态软件),并在DCS在线运行时实时地监视DCS网络上各个节点的运行情况,使系统工程师可以通过工程师站及时调整系统配置及一些系统参数的设定,使DCS随时处在最佳的工作状态之下。与集中式控制系统不同,所有的DCS都要求有系统组态功能,可以说,没有系统组态功能的系统就不能称其为DCS。

3. DCS的基本组成部分

1) 面向被控制现场的现场I/O控制站

组建系统时,通常需要将过程的输入和输出集中集成到该自动化系统中。

如果输入和输出远离可编程控制器,将需要铺设很长的电缆,从而不易实现,并且可能因为电磁干扰而使得可靠性降低。分布式I/O便是这类系统的理想解决方案:

- 控制CPU位于中央位置;
- I/O设备(输入和输出)在本地分布式运行;
- 功能强大的PROFIBUS DP具有高速数据传输能力,可以确保控制CPU和I/O设备稳定顺畅地进行通讯。

2) 面向操作人员的操作员站

操作员站是指安装了PCS 7 OS软件的PC。操作员站连接到工厂总线,以便允许和自动化系统进行数据通讯。DCS操作员站主要功能是为系统的运行操作提供人机界面,使操作员可以通过操作员站及时了解现场运行状态、各种运行参数、是否有异常情况发生。

操作员站的体系结构变化多样,可灵活地适应各种工厂规模和客户要求。操作员站可组态为单工作站系统或采用客户机—服务器体系结构的多工作站系统。

OS 服务器包含操作和监视系统以及中断和测量值归档的所有数据。它与自动化系统建立通讯连接。

3）面向 DCS 监督管理的工程师站

工程师站是对 DCS 进行离线的配置、组态工作和在线的系统监督、控制、维护的网络节点，其主要功能是能提供对 DCS 进行组态，配置工作的工具软件(即组态软件)，并在 DCS 在线运行时实时地监视 DCS 网络上各个节点的运行情况，使系统工程师可以通过工程师站及时调整系统配置及一些系统参数的设定，使 DCS 随时处在最佳的工作状态之下。与集中式控制系统不同，所有的 DCS 都要求有系统组态功能。

三、几种检测仪表特点

在实现铀转化厂的工艺参数检测过程中，除了使用一些常用的检测仪表外，还选用了若干种由国内有关单位自行开发研制的间接式和非接触式的测量仪表，用于工艺过程强放料液流量的测量和控制，用于主要工艺设备的温度、液位、料位信号、密度、重量、压力、压差等重要工艺参数的测量。

1. 热电偶温度计

工作原理：根据热电效应，将两种不同的导体接触并构成回路时，若两个接点温度不同，回路中便出现毫伏级的热电势，这个电势可准确反映温度。

铀转化工艺中的温度测量仪表主要有抽芯式铠装热电偶温度计，铠装热电偶温度计，铂热电阻温度计以及双金属温度计，其中抽芯式铠装热电偶温度计具有非接触，更换、检修、维护方便等特点，因此在铀转化工艺中得到广泛应用。

图 1-1 为用抽芯式铠装热电偶非接触测量氟化氢蒸发器温度的安装示意图。

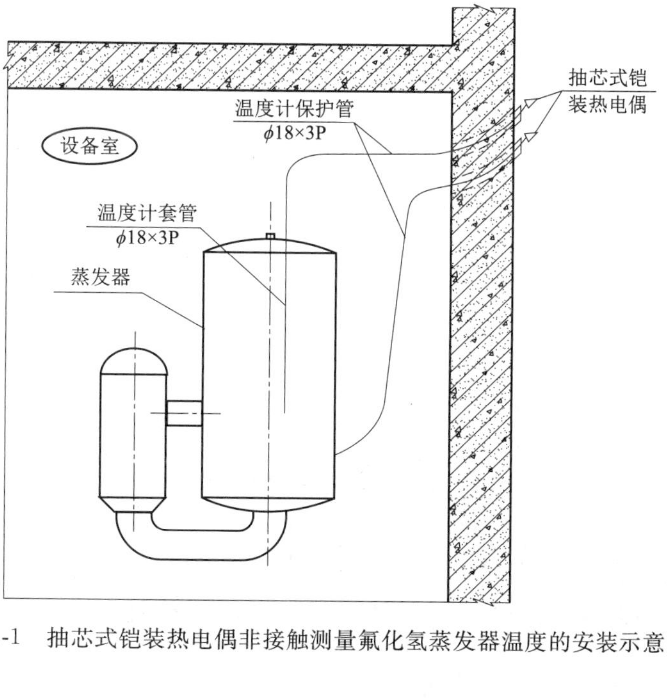

图 1-1　抽芯式铠装热电偶非接触测量氟化氢蒸发器温度的安装示意图

从图中可以看出热电偶保护管(Φ18×3P),与蒸发器预留的底端头封死的套管管嘴焊接。铠装式热电偶(外径 Φ4～Φ6)沿 Φ18×3 保护管内孔插入到蒸发器温度计套管的底端头平面。使铠装热电偶能较好地测出蒸发器内介质的温度。

2. 质量流量控制器

目前常见的质量流量计有差压式质量流量计、动量矩式质量流量计、科氏力式质量流量计以及热式质量流量计等。

铀转化工艺中主要采用 D07 系列热式质量流量控制器和 MC 系列差压式质量流量控制器。

D07 系列热式质量流量控制器由流量传感器,分流器通道,流量调节阀和放大控制电路等部件组成。流量传感器采用毛细管传热温差量热法原理测量气体的质量流量(无需温度压力补偿)。将传感器加热电桥测得的流量信号送入放大器放大,放大后的流量检测电压与设定电压进行比较,再将差值信号放大后去控制调节阀门,闭环控制流过通道的流量使之与设定的流量相等。分流器决定主通道的流量。与之配套的流量显示仪上设置有稳压电源,3 位半数字电压表,设定电位器,外设、内设转换和三位阀控开关等。控制器输出的流量检测电压与流过通道的质量流量成正比,满刻度(F.S)流量检测输出电压为+5 V。控制操作一般在流量显示仪上进行。当设定开关打到“内”设时由设定电位器 W 控制流量。当打到“外”设时,由用户提供的 0 ～ +5 V 电压控制流量。

在显示面板上还设置有三位阀门控制开关,当置“关闭”位时,阀门关闭;当置“清洗”位时,阀门开到最大以便气路清洗,或作为流量计使用;当置于“阀控”时,自动控制流量。

控制器与流量显示仪连接后的工作原理如图 1-2 所示。

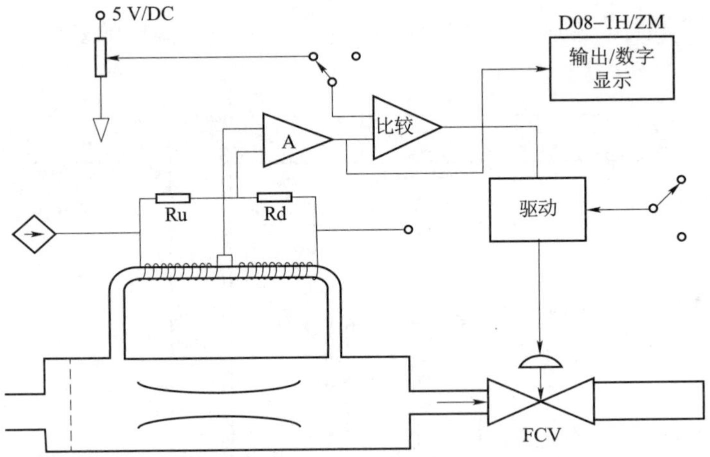

图 1-2 控制器与流量显示仪连接后的工作原理图

MC 系列差压式质量流量控制器基于精确地测量体积流量。体积流量的确定则是通过创造一个压降经过一个独一无二的内部限制条件,名称为层流组件,并且通过它测量差压。这个限制条件被设计出来从而导致气体分子被迫按照平行的方式流过通道的全部长度,因此层流被建立来针对设备操作的全部量程。不像其他的流量测试设备,在层流流量控制器中压降和流量的关系是线性的。

这种流量测试方法可产生好几种超越热式流量设备的优点。比如，更低的流量状态下拥有更短的响应时间和更高的灵敏性。

MC 系列差压式质量流量计和控制器的设计提供超过其他类型的层流质量流量计的优点如下：

1）无直管段安装要求；

2）气压和温度（密度）compensation 内置提供；

3）简单，安装位置要求不高；

4）实时数字功能提供一个宽大的选项范围而不需附加的软件工具。

第二节　六氟化铀生产设备

学习目标：通过本部分的学习，使学员了解铀转化厂氟化生产设备的技术特点，具有操作六氟化铀生产装置的技师技能。

1. 氟化反应器的材料

目前，在氟化反应制备 UF_6 的实际生产中，采用的氟化反应器主要有卧式搅拌床、流化床、火焰炉、立式氟化反应器等。氟化反应器的材料为蒙乃尔材料。

蒙乃尔合金是 30%左右的铜镍合金，并添加了其他金属如 Fe、Cr、Sn、Ti、Co、Si、Al 等构成的合金。因为镍能与许多金属组成二元或多元合金，具有很高的物理性能、机械性能和化学性能，它可提高合金的可成形性和镍的化学稳定性，镍铜合金的耐腐蚀性比镍和铜都好，所以工业上通常使用镍铜合金。

蒙乃尔合金因为其组成元素含量不同，可以分为 monel400，monelK-500、monel M35、monelM35S、monelM30H 和 monelM30C。在我们厂里，大部分设备的使用材料是 monel400。其机械性能如表 1-3。

表 1-3　monel400 合金的机械性能

型材和状态	抗拉强度 σ_b		屈服强度（0.2%）σ_s		延伸率 δ	布氏硬度
	MPa	ksi	MPa	ksi	%	HB
棒材（Rod bar）						
退货态	517～612	75～90	172～345	25～50	60～35	110～150
热精轧态（<21/8 in 六面角）	552～758	80～110	276～690	40～100	60～30	140～241
冷拔应力消除态	579～827	84～120	379～690	55～100	40～22	160～225
热精轧态（<21/8 in 六面角）	75～100		30～55		50～30	130～184
板材（piate）						
热轧态	517～655	75～95	276～517	40～75	45～30	125～215
（热轧）	483～586	70～85	193～345	28～50	50～35	110～140
带材（sheet）						
退火态	483～586	70～85	172～310	25～45	50～35	
硬态（冷轧）	690～827	100～120	621～758	90～100	15～2	

续表

型材和状态	抗拉强度σ_b		屈服强度(0.2%) σ_s		延伸率δ	布氏硬度
	MPa	ksi	MPa	ksi	%	HB
箔材(strip)(冷轧)						
退火态(冷拔)	483～586	70～85	172～310	25～45	50～35	
应力消除态(冷拔)	690～965	100～140	621～896	90～130	15～2	
线材(wire)(冷拔)						
退火态	483～586	70～85	207～379	30～55	50～35	
弹性回火态(全硬)	586～827	85～120	862～1 172	125～170	5～2	
NO 1 回火态	85～100		50～75		30～20	
1/4 硬态	95～120		65～95		25～15	
1/2 硬态	110～135		85～120		15～8	
3/4 硬态	125～150		100～135		8～5	
无缝管材(Tubo Pipe)						
热交换器退火态	70～85		28～45		50～35	
热交换器应力消除态	85～105		55～90		35～15	
热挤压	85～105		55～90		35～15	
NO 1 回火(退火态)	≤85		30～45		45～30	
NO 2 回火(半硬态)	85～105		55～80		30～10	
NO 3 回火(全硬态)	110～130		90～110		10～3	

1.1 Monel 合金的物理性质

Monel 诸合金的物理性质见表 1-4。

表 1-4 Monel 诸合金的物理性质

Monel 合金	比重 (20 ℃)/(g/cm^3)	熔点/℃	磁性转变温度/℃	磁性(室温)	收缩率/%	电阻率 (20 ℃)/(mΩ · cm)	电阻温度系数/(mΩ · cm/℃)	线膨胀系数/(1/℃)	导电率/(%IACS)
Monel 400	8.82	1 300～1 350	−7～10	大多数有磁		51～53.5		13.9×10	3.4
Monel 401	8.90		<−196			48.84		12.7×10	
Monel 404	8.93		−121～−110			49.84		12.4×10	
Monel R-405	8.82	1 300～1 350	−7～10	大多数有磁,部分无磁		51～53.5		13.9×10	3.4
Monel K-500	8.43	1 316～1 349	−134	−100 ℃以内无磁性		58.3～61.8	0.000 18	13.7×10	2.8
Monel 502	8.44	1 315～1 350	−124	−100 ℃以内无磁性		58.3～61.8		13.7×10	2.8

续表

Monel合金	比重(20 ℃)/(g/cm^3)	熔点/℃	磁性转变温度/℃	磁性(室温)	收缩率/%	电阻率(20 ℃)/(mΩ · cm)	电阻温度系数/(mΩ · cm/℃)	线膨胀系数/(1/℃)	导电率/(%IACS)
Monel M35	8.63	1 315～1 345		25 ℃弱磁性	2.1	53.3		12.9×10	
Monel M25S	8.35	1 260～1 290	−57	无磁性	2.1	63.3		12.2×10	
Monel M30H	8.50	1 285～1 315		无磁性	2.1	58.3		12.4×10	
Monel M30C	8.63	1 315～1 345		25 ℃弱磁性	2.1	53.3		12.9×10	

1.2　蒙乃尔合金的化学性能

蒙乃尔合金是镍基合金的一种，它是镍-铜合金，它具有镍和铜的优点，又具有良好的工艺加工性能。蒙乃尔合金，我国的牌号是 28-2.5-1.5 镍铜合金。

蒙乃尔合金在各种气体、水质条件下均有极强的抗蚀能力，腐蚀速度不大于 0.03 mm/a。当温度剧烈变化、水流冲击、碳酸气侵蚀时，腐蚀率不大于 0.025 mm/a。

室温下，蒙乃尔合金在不含空气的 80%浓硫酸中几乎无腐蚀现象，此时温度对腐蚀作用的影响不大，腐蚀速度不大于 0.2 mm/a；温度为 85 ℃时，蒙乃尔合金在 5%硫酸溶液中腐蚀速率最大，腐蚀速率为 3 mm/a；其在 80%以上油介质硫酸中，抗蚀性能较好。因此，蒙乃尔合金广泛地应用于浓度为 20%(重量比)以下的沸腾硫酸设备中以及磺化、炼油部门的设备中。

在室温下，蒙乃尔合金在 20%以下不含空气的盐酸中，是稳定的，加热时腐蚀率增大。

蒙乃尔合金在热碳酸溶液中，腐蚀率不大于 0.125 mm/a。在任何温度下，蒙乃尔合金在氢氟酸和磷酸中都是稳定的，不会发生腐蚀现象。

蒙乃尔合金除了对浓度大、温度高的 KOH、NaOH 溶液作用外，在大部门碱中都是稳定的。在中性和碱性盐溶液（包括弱酸性的盐酸盐、碳酸盐、硝酸盐、醋酸盐溶液）对蒙乃尔合金的腐蚀作用很轻。对酸性盐如 $ZnCl_2$、$(NH_4)_2SO_4$ 等，其腐蚀率不大于 0.5 mm/a。对氧化物酸盐来说，如 $FeCl_3$、$Fe_2(SiO_4)_3$、HgCl、$CuCl_2$、$AgNO_3$ 等极稀释的溶液外，其抗蚀性不是很高。

室温下，蒙乃尔合金在干燥气体中很稳定，在含有水分的氧化氮、氨、硫化物、氯溴、碘等卤素中腐蚀很明显。

以氟化反应器为主体建立的 UF_6 生产系统基本情况如下。

2. 卧式搅拌床反应器

卧式搅拌床氟化反应器是 20 世纪 50 年代发展起来的一种可连续操作的氟化反应器。一种以卧式搅拌床氟化反应器为主体的 UF_6 生产系统的工艺流程如图 1-3 所示。

如图 1-3，以卧式搅拌床氟化反应器为主体的 UF_6 生产系统主要由原料供给、氟化、成品混合气接收、工艺尾气处理等几个部分组成。氟化反应是在两台串联、上下平行布置的卧式炉中完成的。UF_4 从上炉加料端加入后，与同样从该端上部加入的氟气接触并反应，氟气过量一般控制在 5%(v/v)以下，UF_4 在炉内的填充系数一般控制在 15%～20%范围内。

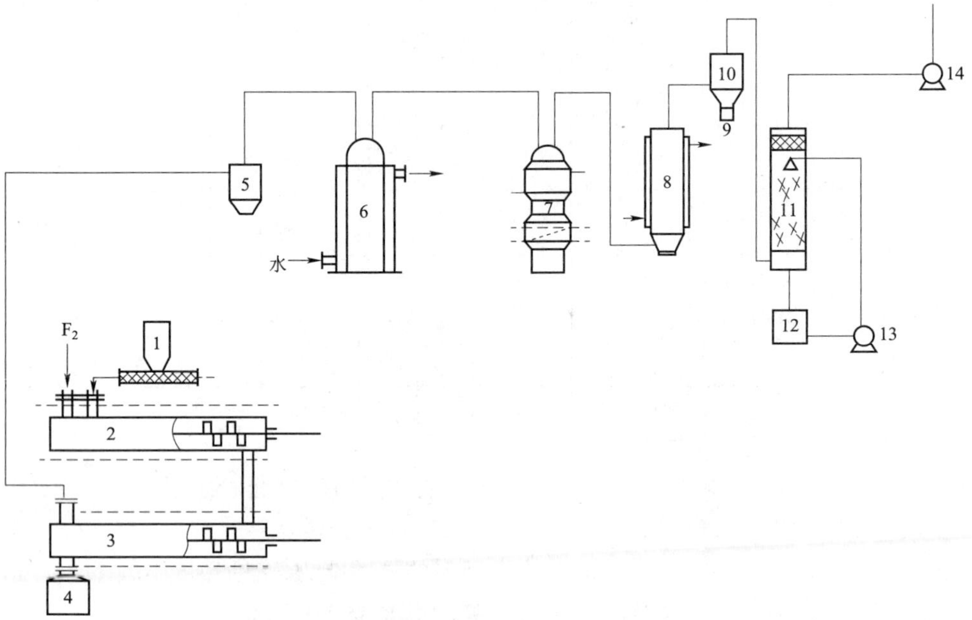

图 1-3　卧式搅拌床生产 UF_6 的工艺流程图

1—UF_4 料斗；2—上卧式搅拌炉；3—下卧式搅拌炉；4—渣罐；5—过滤器；6—主冷凝器；7—控制冷凝器；8—碳反应器；9—灰渣罐；10—气固分离器；11—碱液塔；12—碱液贮槽；13—碱液循环泵；14—高压风机

实际生产运行过程中，上炉温度分区控制，前端(加料端)的温度一般为 70～80 ℃；后端温度一般控制在 220～230 ℃左右。在带有抄板或叶片的搅拌轴作用下，反应器中的固体物料不断被扬起，并向前移动。在固体物料被扬起的过程中，增大了固体物料与氟气的接触面积，但由于上炉的控制温度较低，其主要的反应产物为铀的中间氟化物，虽然也有少量的 UF_6 生成，但产率很低。

在搅拌轴的推动下，含铀中间氟化物的固体物料最终由上炉的连接管进入到下炉中，下炉的控制温度一般为 350～380 ℃。在下炉中，在搅拌轴的不断转动下，固体物料不断向尾端移动，并与氟气继续反应，最终生成 UF_6。未完全反应的固体物料或反应后形成的氟化渣在搅拌轴的推动下，最终掉入到渣罐中。

氟化反应生成的成品混合气，其主要成分为 UF_6 和氟气，还含有少量的氮气、氧气等。成品混合气从下炉的气相出口端排出后，经金属网式和挡板除尘器除尘，使气相中夹带的固体物料量降至允许的范围内，然后依次通过主冷凝器(8～16 ℃)和控制冷凝器(−30～35 ℃)以收集 UF_6。聚集在挡板除尘器内的固体物料，经振动后可重新返回到反应器中继续参与反应。

一般情况下，为防止 UF_6 和氟气的外泄，以卧式搅拌床为氟化反应器的 UF_6 生产系统，通常是在负压状态下运行的，其系统压力的控制范围一般为−883～−588 Pa。

在卧式搅拌床氟化系统中，上、下两个搅拌炉的炉筒、搅拌轴及抄板(或叶片)通常由碳钢制成。某铀转化生产厂曾使用过的一种卧式搅拌床氟化反应器的炉筒内径为 400 mm，长 3 400 mm。上炉温度采取外加热方式分区控制，其前端(加料端)为一区，长 1 620 mm，以水浴外加热的方式进行加热,温度控制在 70～80 ℃范围内;尾端为二区,长 1 145 mm,以熔盐浴外加热的方式进行加热,温度控制在 220～230 ℃范围内。炉内的搅拌轴上均匀装配了 52 个抄板。

下炉的炉筒、搅拌轴及抄板均由镍或镍基合金(如蒙乃尔)制成。炉体内径为 500 mm,长约 3 200 mm。炉体外采取熔盐浴外加热的方式进行加热,炉体控制温度为 350～380 ℃,加热区长约 2 500 mm。炉内的搅拌轴上均匀装配了 38 个抄板。抄板的主要作用是推动物料向前移动,并使物料在扬起的过程中与氟气接触,从而增大气—固两相的接触面积。

一种在实际生产中使用过的卧式搅拌床氟化反应器的结构示意图如图 1-4 所示。

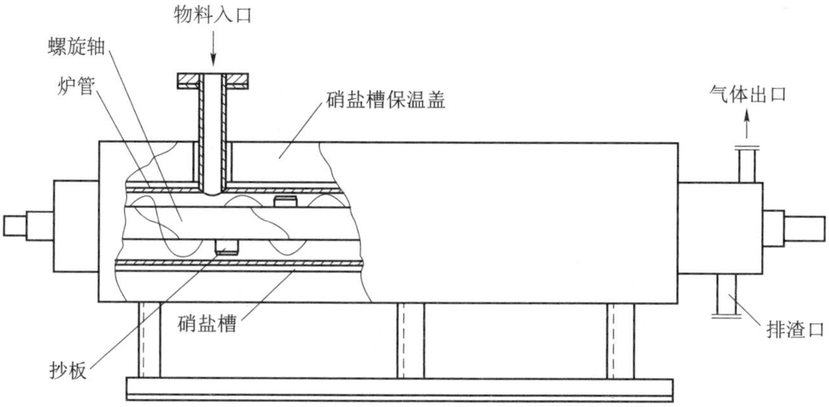

图 1-4 卧式搅拌床氟化反应器的结构示意图

如图 1-4 所示,卧式搅拌床的下炉主要是由炉体、带叶片的搅拌轴、硝盐浴外加热系统、进料口、气相出口等组成。有关生产实践经验表明,为避免氟化反应中强腐蚀性气氛对炉体本身的腐蚀,在不影响搅拌轴正常运转的条件下,在炉体的中下部焊接上一层环形衬板,可起到保护炉体、有效延长炉体使用寿命的作用。环形衬板的材料,通常选用耐腐蚀性能较好的镍或镍基合金,如蒙乃尔材料等。

卧式搅拌床的氟气利用率较高,可达 95%以上,氟气的过剩量一般控制在 5%以下;转化率较高,可达到 99.9%;成渣率也较低,一般小于 0.05%(wt);但 UF_6 的生产能力有限,其 UF_6 的生产能力仅为 90 kg(UF_6)/h,难以满足大规模工业化生产的需要。另外,由于卧式搅拌床的结构复杂,传质、传热效果不佳,气—固接触面积有限,且在搅拌轴的转动下,系统密封性能易遭受破坏,维修量大等原因,现已被火焰炉、流化床、立式炉等高效氟化反应器所取代,现已逐步退出了 UF_6 生产的历史舞台。

3. 火焰炉氟化反应器

火焰炉氟化反应器是一种高温、塔式的氟化反应器。图 1-5 为国外某铀转化厂正在使用的一种火焰炉氟化反应器的结构示意图。

如图 1-5 所示,火焰炉氟化反应器主要是由气—固分布器、塔体和残渣收集器等几个部分组成。

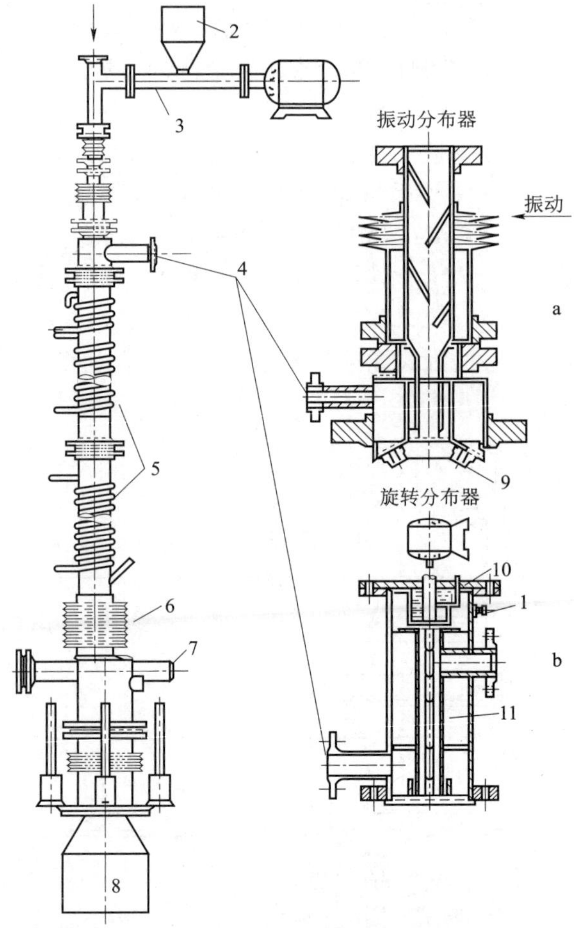

图 1-5　火焰炉氟化反应器的结构示意图

1—稀释气体入口;2—固料贮斗;3—螺旋进料器;4—氟气入口;5—冷却蛇管;6—弹簧连接管;7—切线方向的气体出口;8—残渣收集器;9—喷嘴;10—密封填料;11—带叶片的搅拌轴

气—固分布器装在塔体的上部,其作用是将 UF_4 粉末均匀地弥散在氟气之中,为火焰反应创造良好的条件。气—固分布器的使用效果,直接决定着氟化反应能否正常进行。在火焰炉氟化反应器的实际应用中,美国设计、使用了两种分布器,一种是带多块导向板的高频振动分布器,另一种是在高速旋转轴上安装有叶片的旋转分布器。这两种结构的分布器分别如图 1-5 中(a)、(b)所示。由螺旋进料器送入到分布器中的 UF_4 粉末,在下落过程中被高频振动分布器或高速旋转叶片所分散,在落入到分布器出口端和进入塔体之前,被喷嘴射入的高速氟气流撞击,形成高度湍动的气固悬浮体。据称,这两种分布器均能满足氟化生产工艺的要求,而旋转轴分布器的分布效果更佳。在火焰炉氟化反应器中,为达到良好的粉末分布效果,要求 UF_4 固体颗粒的粒径相对均匀,以消除因颗粒大小不均而可能引起的颗粒离析现象的发生,从而影响固体粉末在气相中的均匀分布;同时为达到 UF_4 颗粒在火焰区内瞬间完成转化,其平均粒径应小于 40 μm。

塔体是由耐腐蚀的蒙乃尔合金制成,其直径为 203 mm,高 3 658 mm。整个火焰炉的外壁上缠有通水或水蒸气、直径为 12.7 mm 的蒙乃尔合金冷却蛇管。为分段控制反应器壁温,炉壁上设置了 4 只热电偶检测器,冷却蛇管分成三段。根据炉壁温度的检测结果,通过调节冷却蛇管内的水或水蒸气流量,可使炉壁温度控制在 315 ～ 538 ℃范围内。因反应器结构材料的耐热性能,要求炉壁温度控制不宜过高,否则炉壁易烧穿;而温度低于 315 ℃时,在靠近炉壁的地方会生成铀的中间氟化物,从而出现结壁现象,进而使传质、传热恶化,影响氟化反应工艺过程的正常进行。

为实现稳定的火焰反应,使 UF_4 尽可能的完全转化,把灰渣产率降至 1%～2%,氟气进塔前通常需进行预加热,氟气加热后的温度一般控制在 316～370 ℃范围内。加热后,含有 8%氟化氢和 2%惰性气体的氟气,由四个喷嘴喷射进入反应器内,并与布料器送入的四氟化铀一同进入到反应器的氟化反应区域中,气固两相能很好混合并进行反应。为了防止炉内反应气体进入到布料器中,布料器稀释气体入口处须吹入一定量的惰性气体(N_2)加以保护。氟气的过剩量一般控制在 10%～50%范围内。

以火焰炉氟化反应器为主体的 UF_6 生产工艺基本流程如图 1-6 所示。

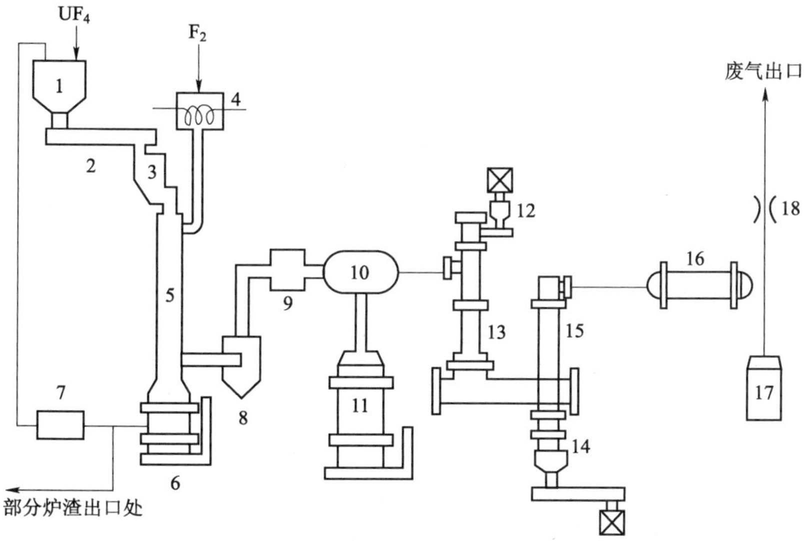

图 1-6　火焰炉氟化反应器为主体的 UF_6 生产工艺基本流程

1—料斗;2—螺旋进料器;3—布料器;4—氟气预热器;5—火焰炉;6—残渣收集器;7—残渣粉碎机;8—旋风分离器;9—烧结金属过滤器;10—主冷凝器;11—UF_6 产品容器;12—UF4 贮斗;13—氟气净化反应炉;14—中间氟化物接收器;15—烧结金属过滤器;16—二次冷凝器;17—UF_6 容器;18—喷射嘴

如图 1-6,以火焰炉氟化反应器为主体的 UF_6 生产系统,也主要由原料供给、氟化、成品混合气接收、工艺尾气处理等几个部分组成。其主要的工艺过程如下:

固体 UF_4 物料自料斗经螺旋进料器、布料器送入氟化反应器后,与经过预热、由喷嘴喷射进入到反应器中的氟气接触并反应,产生火焰。反应器内部的火焰中心温度可高达 1 093 ℃。未反应完全的少量(1%～2%)固体残渣落入到火焰炉反应器下部的残渣收集器中,经粉碎并筛分成 50 目大小的颗粒后可重新加入火焰炉氟化反应器中继续参与反应。但是,当残渣中难挥发性氟化物杂质含量达到 1.5%[(难挥发性杂质/残渣总量)×100%]时,该部分残渣就不再返回反应器中,而是将其卸出,经硝酸溶解、溶剂铀转化纯化、煅烧等工序处理后,以 UO_3 的形式回收铀。

火焰炉氟化反应器出口的成品混合气，约含有 75%的 UF_6、10%的氟气和 15%的其他气体($HF+N_2+O_2$)。该成品混合气经旋风分离器初步除尘后，其温度已自 650 ℃冷却到 150 ℃左右，再经烧结金属过滤器除去其所夹带的固体粉尘后送入 UF_6 接收工序。过滤后的成品混合气体中，98%的 UF_6 在主冷凝器(−20～40 ℃)中凝华为固体。当主冷凝器的装填量达到规定值时，可将其与生产系统隔离开来，经升温、净化、液化和恒温均匀化处理后，以液态 UF_6 的形式进行产品包装，包装后的产品及其容器经冷却，使 UF_6 转化为以固态为主的形式进行储存或销售。

主冷凝器出来的气体还含有 20%～35%(v/v)氟气，可在氟气净化反应器中进一步与过量的新鲜 UF_4 作用，生成铀的中间氟化物(UF_5,U_2F_9 和 U_4F_{17})及少量六氟化铀。铀的中间氟化物收集于中间氟化物接收器中，然后再将其加入火焰炉氟化反应器中继续参与氟化反应。

由氟气净化反应器排出的气体，经冷却后，通过烧结金属过滤器除尘，送入二次冷凝器(−50 ℃)中，以收集气体中所含的痕量 UF_6。UF_6 夹带、吸附的氟化氢，可在另一冷凝器中经两次分馏除去。从二次冷凝器排出的工艺尾气，可由喷射器送入通风净化系统中进一步处理。

目前，火焰炉氟化反应器的主要工艺参数，如温度、压力、气体分析，物料称重及流量等均实现了自动控制或调节。有关生产实践表明，以火焰炉氟化反应器为主体的 UF_6 生产流程，铀的收率可达到 99.99%，氟气的总利用率约为 99%。

火焰炉氟化反应器下部装有一个旋风分离器，使成品混合气在离开火焰炉之前先经过一次气固分离，然后气体沿切线方向的导管导出。旋风分离器的底部安装有一个直径为 560 mm，高 1 220 mm 的残渣收集器。

喷射进入反应器的氟气过剩量一般为 10%～50%。氟气欠量时，会生成大量的铀中间氟化物，使 UF_6 的产率降低，同时炉气夹带大量铀中间氟化物的粉尘也会很快的堵塞过滤装置、气体管道和阀门等。这不仅威胁着设备的正常运行，而且也会影响 UF_6 产品的质量。为此，在过滤后的炉气管道上装有氟气自动连续分析控制仪，以调节火焰炉的气固两相进料比，使出口成品混合气中氟气浓度保持在 10%～15%范围内。

主冷凝器为管壳式热交换器，其外壳是用直径为 1 372 mm 的铜镍合金管制成。长 4 572 mm，其内部装有 48 根直径为 12.7 mm 的铜镍合金翅管，并在气体通道上装有 6 块挡板。冷凝器外壳表面安装有塑料绝热层，冷冻剂乙二醇溶液从 48 根翅管中通入，主冷凝器温度一般控制在−20～−10 ℃范围内。过滤后的成品混合气在壳体和翅管之间流过，成品混合气中的六氟化铀被凝华为固体。当冷凝器中固体六氟化铀的装填量达到规定值后，使该冷凝器与生产系统隔离开来，启用另一个备用的冷凝器以维持生产。然后把固体六氟化铀加热到三相点温度(64.02 ℃)以上，使其液化，然后经过氟化氢净化操作、恒温均匀化处理后装入六氟化铀成品容器中。

氟气净化反应器是由一立式反应器和一卧式螺旋冷凝器组成的。立式反应器的直径为 152 mm，其结构与火焰炉氟化反应器基本相同，只是炉壁上绕的不是冷却蛇管，而是四段加热电炉。氟气净化反应器的壁温控制为 370 ℃左右，以防止铀中间氟化物在壁上结块。氟气净化反应器的底部用法兰连结一直径为 406 mm、长 3 048 mm 的螺旋冷却器，工艺气体中的氟气在这里进一步和 UF_4、铀的中间氟化物反应而被吸收，其浓度可降低到 0.1%的水平。同时，在此设备中，气体在进入烧结金属过滤器之前得以冷却，而铀中间氟化物烧结块则被破碎。二次冷凝器的结构与主冷凝器相似，但其容积较小，只能装 1 134 kg 固体六氟化铀。

对于单级的火焰炉氟化反应器而言，由于氟气过剩量高达 25%～50%，其氟气的一次利用率不可能很高（一般只能达到 90%），而且从主冷凝器排出的气体也不能全部回流到火焰炉中去，因为全部回流会使系统中不凝性气体（氧气和氮气）逐渐积累，而使反应器内的气体不断被氧气和氮气所稀释。因此，必须合理地设计工艺流程，以提高氟气利用率。美国橡树岭气体扩散厂就设计了与上述氟气净化反应器基本相似的塔式氟气回收装置，如图 1-7 所示。所不同的是，在橡树岭气体扩散厂的 UF_6 生产流程中，由主冷凝器排出的气体经重新预热后，一部分气体返回到火焰炉氟化反应器中，使反应器中的氟气浓度始终维持在 50%～60%范围内；而另一部分气体则进入立式氟气净化反应器中，通过与新鲜四氟化铀的作用，以回收其中的氟气。立式氟气净化反应器的温度一般控制在 450～540 ℃范围内；螺旋冷却器的温度一般控制在 204 ℃左右。

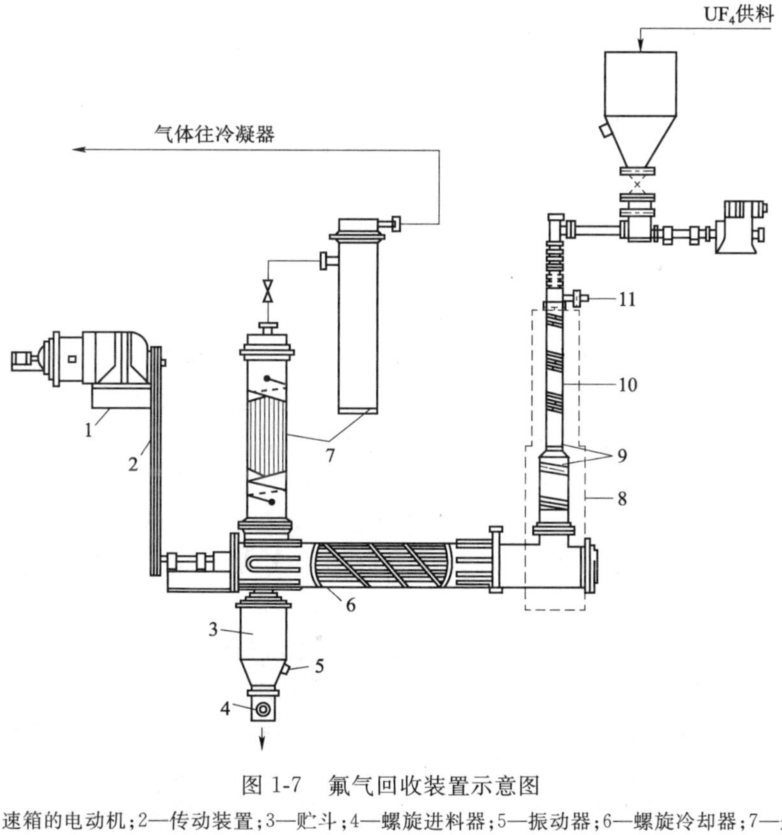

图 1-7　氟气回收装置示意图

1—带减速箱的电动机；2—传动装置；3—贮斗；4—螺旋进料器；5—振动器；6—螺旋冷却器；7—过滤器；8—立式反应炉加热器；9——次冷却蛇管；10—立式反应炉；11—热气体入口处

火焰炉氟化反应器的最大特点是设备结构紧凑，生成强度大。因此，在工业上被广泛采用。目前，工业生产上常用的火焰炉氟化反应器的直径通常有 102 mm、153 mm、203 mm 和

250 mm 等几种,每天的生产能力分别为 3 t UF_6、7.5 t UF_6、11 t UF_6 和 16 t UF_6。有关试验研究结果表明,在火焰炉氟化反应器中,主体氟化反应区域(即火焰束向下延伸的长度)约为 0.6 m,故采用 1.5 m 的塔高已能完全满足转化的要求,但在生产应用中,考虑到有关的安全因素,实际应用中,火焰炉氟化反应器的高度多在 3.5 m 左右。

火焰炉反应器也可作为铀氧化物直接氟化生产 UF_6 的主体反应器使用,只是由于反应的释热量更大,设备的生产能力宜根据传热条件及其限制因素进行适当调整、降低。火焰炉氟化反应器虽然属于高效氟化生产设备,但也存在如下不足之处:

1) 为确保气、固相的充分混合,UF_4 固体粉末的粒度及其分布/分散装置机构要求严格;

2) 炉体腐蚀较严重,使用期约为 1～2 a;

3) 残渣量较高,一般为 1%～2%;

4) 氟气过剩量大,一次氟气利用率低;

5) 不适合用于氟化生产含有与 UF_4 形成低共熔混合物杂质(如 NaF、KF 等)的粗制 UF_4 原料。

4. 流化床氟化反应器

由于流化床氟化反应器内部的固体颗粒能够迅速混合,致使全床层处于等温状态,故能较容易、可靠的实现床层温度的控制;气、固相之间传热、传质速率一般也优于其他接触方式。这些特性对于改善氟化反应的传热、消除由于床料过热而引起的烧结现象具有特殊的适应性。

如图 1-8 所示,以流化床氟化反应器为主体的 UF_6 生产系统,同样是由原料(UF_4、氟气)供给、氟化、成品混合气接收、工艺尾气处理等几个关键工序组成。其主要的工艺过程如下:

UF_4 自料斗从流化床中部加入,预热后的氟气从反应器底部经气体分布板喷射进入床内,与 UF_4 反应生成 UF_6。由流化床出口排出的成品混合气,经过滤除尘、压缩机增压后送入初级冷凝器,经冷凝的六氟化铀转移装入 10 t 的 UF_6 产品容器中。工艺尾气返回到 UF_4 料斗下面的氟气净化反应器中,通过与新鲜的 UF_4 作用,生成铀的中间氟化物,以达到捕集残余氟气的目的。铀中间氟化物经螺旋冷却器送入流化床氟化反应器中继续参与氟化反应,如此处理后的尾气,再经 Al_2O_3 吸收塔和碱洗塔净化处理后达标排放。

因为氟化反应属于强释热反应,为了流化床氟化反应器的稳定运行和连续操作,提高物料的传热效率,流化床氟化反应器中需加入一定量的 CaF_2 球形颗粒以作为稀释剂使用。

当流化床氟化反应器的直径为 1.0～1.5 m 时,床温一般控制在 500 ℃左右,其生产能力可达 3 000～5 000 t U/a。

与火焰炉氟化反应器一样,由于流化床氟化反应器的气、固两相接触效果良好,所以生产强度大,但与火焰炉氟化反应器相比,流化床的主要优点是传热性能高,因而可严格地控制氟化过程的反应温度。同时,流化床氟化反应器的操作温度又较火焰炉反应器低,床内温度分布均匀,因此,流化床氟化反应器的适应性较强,即可用于精制 UF_4 氟化法生产 UF_6 的工艺过程,又可用于处理一般工业级杂质含量较高的 UF_4 物料。而火焰炉氟化反应器不能处理工业级的 UF_4 物料,因为生成的易熔、低共熔混合物在炉壁上烧结,常导致火焰炉氟化反应器的化学反应过程无法正常进行。

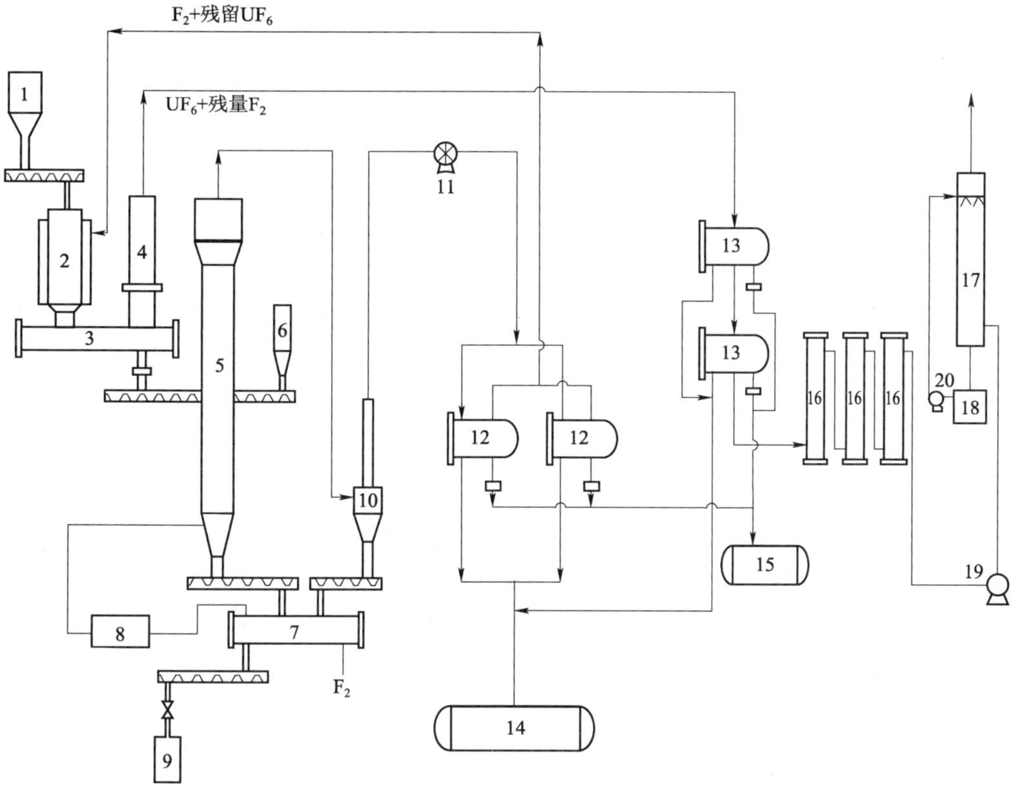

图 1-8　流化床氟化反应器为主体的 UF_6 生产系统工艺流程图

1—UF_4 料；2—净化反应器；3—螺旋冷却器；4—过滤器；5—流化床；6—CaF_2 料斗；7—灰分净化反应器；8—预热器；9—渣罐；10—过滤器；11—压缩机；12—初级冷凝器；13—净化冷凝器；14—10 t UF_6 容器；15—缓冲罐；16—Al_2O_3 吸收器；17—碱液塔；18—碱液槽；19—泵；20—碱泵

第三节　影响六氟化铀产品质量的因素

学习目标：通过本部分的学习，使学员了解影响六氟化铀质量的因素，掌握六氟化铀生产提高产品质量的途径和措施。

一、概述

立式炉氟化反应器炉体的结构材料为蒙乃尔合金，其最高工作温度限值为 550 ℃，在立式炉氟化反应器的运行中，温度的升高有利于提高氟化反应速率，但也会引起固体物料（UF_4、铀的中间氟化物等）的烧结或熔融，使宏观反应速率不升反降。如控制不当，会产生固体物料的烧结或熔融现象，轻者可导致气体分布板上方固体物料的积累，从而影响气体的均匀分布、增大气流阻力；重则黏附在反应器内壁上，在局部反应过激的作用下，反应器结构材料易出现腐蚀加剧、熔融等现象，严重威胁到反应器的安全和稳定运行。因此，及时将多余的反应热导出，控制适宜的反应温度和反应器器壁温度，是立式炉氟化反应器运行中必须考虑的关键性问题之一。

实际生产运行中，UF_4 物料的颗粒特性相对稳定，故在立式炉氟化反应器的运行中，影响氟化反应速率的主要因素是温度和氟气分压等。氟气分压对反应器生产能力的影响,也主要体现在氟化反应速率上。在其他控制条件相同时,较高的氟气分压可获得较大的氟化反应速率。由于立式炉氟化反应器实现了气、固相的逆流接触,故在反应器中,随气流的上升,在相同的反应温度下,氟气不断被消耗,UF_6 不断生成,气相中氟气浓度逐步下降,氟化反应速率也呈现出逐步下降的趋势。

二、影响因素和提高质量的措施

可以这样认为,UF_4 氟化反应自身所具有的热力学特性和动力学特性,是影响立式炉氟化反应器生产能力和稳定运行的关键性因素。但在实际运行中,还有一些其他因素直接影响到立式炉氟化反应器的产品质量,这些因素主要为以下几个方面。

1. 物料分布

反应器内部物料分布的均匀性,对立式炉氟化反应器及其生产系统的生产能力和安全性、连续性、稳定性等也有重大影响。当反应器内部的反应性物料分布不均匀时,极易引起局部反应过激、局部温度急剧上升、固体物料烧结、熔融等不良现象的发生,严重影响到反应器的安全性、连续性和稳定性,进而可导致生产能力的急剧下降。

随生产能力的增大,立式炉氟化反应器可设置双进料的 UF_4 供料系统。这种上、下分布的供料形式,不仅可保证螺旋输送器的物料输送能力,同时也可有效改善固体物料在反应器内部分布的均匀性,有利于氟化反应区域的适当调整,但加大了操作难度,设备构造趋于复杂。

为提高固体物料在反应器同一截面不同部位分布的均匀性,在 UF_4 供料系统的下料斜管内部还设置了氮气喷射装置。控制适当的氮气压力和流量,可实现 UF_4 固体物料在反应器同一截面上的均匀分布。

在立式炉氟化反应器运行中,氟气的均匀分布,有利于合理控制各反应区段的转化率和温度。立式炉氟化反应器采用锥帽式气体分布板或烧结金属式气体分布板,以实现氟气的均匀分布。实践表明,通过气体分布板后的氟气,可在反应器中实现均匀分布,但因难挥发性杂质、铀中间氟化物的影响,分布板上方易出现氟化渣的积累,特别是在喷射速度较低时,氟化渣的积累易导致气体分布板阻力增大,因此需对分布板进行周期性的翻渣处理,以保证系统的畅通性。

翻渣机构不仅需要有良好的密封性能,还必须具备良好的耐腐蚀性能和耐磨蚀性能。翻渣操作时,系统处于临时性停车状态,导致反应器连续、稳定运行的能力有所下降。有关研究证明,在不影响氟气均匀分布的基础上,以盘管式气体分布器取代锥帽式气体分布板或烧结金属式气体分布板,可使反应过程中产生的氟化渣直接掉入到渣罐中,可有效提高反应器及其系统生产运行的连续性和稳定性。

2. 系统的畅通性和密封性

2.1 畅通性

系统的畅通性也是影响立式炉氟化反应器及其系统连续、稳定运行能力的关键性因素之一。在气体分布板、过滤器性能已确定的条件下,影响系统畅通性的主要因素是反应器内部的氟化反应状况。良好的氟化反应状态,可使氟化渣的生成量控制在合理范围内,可尽量降低气流中固体物料的夹带量。反之，如前所述，大量氟化渣的生成必然会影响气体分布的均匀性、增大系统阻力。而气流中固体物料夹带量的增大，其直接影响是加大了过滤器的负担及其氮气反吹的操作频次。而氮气反吹时，不仅会导致反应器内部气相组成发生变化，同时也会引起氟化反应状态的变化，进而增大了产品接收和尾气处理系统的负担。

2.2　密封性

密封性主要通过气密性试验保证。气密性试验主要是检验容器和管道系统各连接部位（包括焊缝、铆接缝和可拆连接）的密封性能，以保证容器和管道系统能在使用压力下保持严密不漏。《压力容器安全技术监督规程》规定：介质毒性程度为极度、高度危害的或设计上不允许有微量泄漏的容器，必须进行气密性试验。为了保证容器和管道系统不会在气密性试验中发生爆炸引起大的危害，气密性试验应在水压试验合格后才进行。

对采用气压强度试验的容器和管道系统，气密性试验可在气压强度试验时，气压降到设计压力后，一并进行检查。

碳钢和低合金钢制容器和管道系统，气密性试验用气体的温度不超过 15 ℃，其他材料制容器和管道系统，其试验用气体温度符合设计图样规定。

气密性试验所用气体一般为干燥、洁净的空气、氮气或其他惰性气体。

“压力容器安全技术监察规程”规定：压力容器气密性试验压力等于设计压力。压力容器气密性试验的试验压力见表 1-5。

表 1-5　压力容器气密性试验的试验压力

压力容器名称	压力等级	气密性试验压力/MPa
钢制或有色金属制容器	低压	1.00
	中压	1.00
	高压	1.00
铸铁		1.00
搪玻璃		1.00

3. 氟化反应状态

立式炉氟化反应器内部的氟化反应状态是多种因素综合作用的体现。其好坏主要取决于如下几个方面。

操作气速：适宜的操作气速，可有效降低气流中固体物料的夹带量，有利于营造良好的氟化反应氛围。过高的操作气速，不仅会使气流中的固体夹带量增大，氟气的利用率也会有所下降。过低的操作气速，易引起氟化不完全现象的发生，从而导致氟化渣生成量的显著上升，严重时会形成床层。

氟气过剩量：合理控制氟气的过剩量，有利于提高氟化反应速率，确保氟化反应完全，使氟化渣的产生量降至可接受的范围内。但过高的氟气过剩量，不仅加大了原材料的消耗，也给产品接收和尾气处理系统带来额外的负担。当氟气供应量不足时，必然会导致大量铀中间氟化物的生成，严重时也会在反应器内部形成床层。

反应器的控制温度：合理控制氟化反应温度，可获得适宜的氟化反应速率，有利于提高反应器的生产强度。但过高的反应温度,易导致固体物料的烧结或熔融;温度过低时,也易产生大量的铀中间氟化物。

实际运行中,立式炉氟化反应器的温度控制主要是通过调节炉壁温度来实现的。生产实践和有关理论计算均表明,当控制反应段炉壁外侧温度为 400 ℃左右时,反应器内部的中心区反应温度可达到 800 ℃以上,且随投料量的增大而有所上升。

原料特性:在立式炉氟化反应器的设计和实际运行中,立式炉氟化反应器及其系统选用的原料主要为 AUC 热解还原、氢氟化制备的 UF_4 和来自中温电解制氟系统的氟气。AUC 热解还原、氢氟化制备的 UF_4,一般均具有较高的化学反应活性,颗粒粒径一般在 120 μm 以下,具有较大的比表面积,可在较低的温度下(360~600 ℃)获得较大的氟化反应速率。虽然 UF_4 原料具有严格的质量要求,但其杂质,特别是那些形成难挥发性氟化物的杂质元素,是氟化渣生成的主要来源之一。由硝酸铀酰热解脱硝反应制备的铀氧化物,因其反应活性低,多采用水合活化技术,提高活性。因其粒度可以根据造粒工艺可以控制,为便于气力输送,粒度较小,这有利于六氟化铀的生产。

来自中温电解制氟系统的氟气,通常含有一定数量的氟化氢,氟化氢含量一般为 6%~10%。气体原料中氟化氢的存在,给氟化反应带来了诸多不良影响,如使气相中氟气分压降低、加大了混合气体对设备的腐蚀、在有氧气存在时易形成 UO_2F_2 等。

营造良好的氟化反应氛围,可有效提高立式炉氟化反应器内部的氟化反应速率,从而达到提高生产强度的目的。

4. 反应器结构

立式炉氟化反应器主体部分(炉体)呈倒锥体结构,全锥角为 3°。实际生产中,氟化反应特性决定了反应性气体的总量(氟气和 UF_6 的物质的量总和,摩尔数)不会发生变化,而氟气、UF_6 等可近似地视作为理想气体,故在实际生产过程中,在相同温度下,受氟化反应及其热效应的影响,气流在上升过程中,气相体积不断膨胀,气相中氟气的绝对压力和分压也有所下降。

立式炉氟化反应器的这种结构形式,可有效消除因温度升高而引起的气相体积膨胀效应,有利于建立良好的氟气浓度梯度分布和转化率梯度分布。但当操作条件不当时,如在反应温度较低、氟气供应量不足的条件下,易引起氟化反应区域下移,形成床层等不良影响。

生产实践表明,立式炉氟化反应器具有如下特点。

1) 氟气利用率高

立式炉氟化反应器不同于全混型流化床,在保持良好气固接触的条件下,实现了一定程度的气—固相逆流流动。故立式炉氟化反应器可以在 5%~8%的氟气过剩量下运行,远低于火焰炉氟化反应器自身对氟气过剩量的要求,也比流化床氟化反应器 10%以上的氟气过剩量约低一半。

2) 灰渣产率低

由于立式炉氟化反应器底部安装有气体分布板,可使落在分布板上未完全转化的物料继续在高浓度的氟气氛围中继续参与反应,大大降低了灰渣的产率。另外,气—固相的逆流接触,也有利于 UF_4 的完全转化,因此,一般情况下,立式炉氟化反应器的灰渣产率可控制在 0.02%~0.05%范围内。

3）生产强度较大

立式炉氟化反应器的生产强度可达 4 770 kg/(m^2·h)，虽小于火焰炉，却远高于流化床反应器。这是由于床料中不含稀释剂，提高了床层有效容积的原因所引起的必然结果。此外，控制较高的操作气速，也使其产率有所增大。

立式炉氟化反应器所具有的特点，主要是由反应器自身结构和加料方式决定的。立式炉氟化反应器的结构特点：一是气固流向呈逆流流动状态；二是在反应器内保留了气体分布板。从加料口进入到反应器内的 UF_4，在下落过程中所接触的氟气，其浓度越来越高，化学反应的推动力越来越大，有利于氟化反应的进行，使 UF_4 转化比较完全，从而使生成的渣量得以减小；三是在气体分布板的作用下，可使反应过程中形成的颗粒较大的铀中间氟化物不会直接掉入到渣罐中，而在分布板上或分布板附近继续被氟气氟化，因而成渣量较少。在系统停止运行之前，以适量的氟气对反应器中残余的物料进行补充氟化，也是立式炉氟化反应器成渣量较低的原因之一。

由于立式炉氟化反应器在具有上述特点的同时，还具有结构简单、工作温度低等优点，故在工业生产中，不失为一种适宜的氟化反应器。有关立式炉氟化反应器与其他型式的氟化反应器技术性能比较如表 1-6 所示。

表 1-6　几种氟化反应器的技术性能比较

反应器名称	反应器直径/mm	UF_6产率/(kg/h)	生产强度/($kgUF_6/m^2 \cdot h$)	氟气过剩量/%	灰渣产率/%
卧式搅拌床	400～500	100	800	＜5	0.02～0.05
火焰炉反应器	200	300	9 550	15～20	1～2
流化床反应器	1 500～2 000	～670	540	～10	1
立式炉反应器	200～350	150～400	4 770	4～8	0.02～0.05

5. *初始氟化反应速率*

立式炉氟化反应器的初始氟化反应速率对总体反应速率有很大的影响。实践表明，当炉壁温度处于 320～420 ℃这一适宜控制范围内时，适当提高氟化反应的初始反应速率，有利于提高反应器内部各主要氟化反应区域的温度、提高总体氟化速率、减小固体物料在反应器内部的停留时间（一般约为 1.1 s，主体反应区域位于 UF_4 下料口下方 1.3 m 内），还可使氟化渣的生成量减少，也有利于提高氟气的利用率，从而可获得较大的生产强度。

第四节　六氟化铀产品收率计算和经济分析

学习目标：通过本部分的学习，使学员了解铀转化六氟化铀产品收率计算方法，具有经济分析的能力。

一、收率的计算

在理想状况下，投入一定量的原料四氟化铀，根据理论反应，就会有相对应的一定量六氟化铀的产出,产率是 100%,收率也就是 100%。但是在实际操作中,很难达到 100%的转化率,产率也很难达到 100%,收率更低。

转化率是参加反应的原料量与投入反应器的原料量的百分比。它表示原料被转化的程度,转化率的大小,说明参加反应的原料量的多少。转化率越大,参加反应的原料越多,反之则越少。一般情况下,投入反应器的原料不可能完全参加反应,因此,转化率就不会为100%。

参加反应的原料量=投入反应器的原料量−未反应的原料量

转化率可按下式计算:

$$\text{转化率} = \frac{\text{参加反应的原料量}}{\text{投入反应器的原料量}} \times 100\%$$

以一次投入反应器的原料量计的转化率,称为单程转化率。原料量的单位为千克(kg)或千摩(kmol)。

在规定的生产条件下,会同时发生不同的反应,即主反应和副反应,除得到目的产物之外,还有副产物。为了表明反应的实际效果,衡量参加主副反应的原料量之间的关系,通常用产率表示。

$$\text{产率} = \frac{\text{生成目的产物所消耗的原料量}}{\text{参加化学反应的原料量}} \times 100\%$$

原料量的单位是千克(kg)或千摩(kmol)。

转化率和产率是从不同角度来表示某一反应的进行情况。转化率仅表示投入的原料量在反应过程中的转化程度,它不表明这些生成物是目的产物,还是副产物。产率只说明被转化的原料中生成目的产物的程度,但不说明有多少原料参加了反应,但在实际生产中,总希望在获得高转化率的同时,也要获得较高的产率。为了描述这两方面的关系,常采用收率这个概念。

某产物的收率=原料的转化率×目的产物的产率×100%

或

$$\begin{aligned}\text{某产物的收率} &= \frac{\text{参加反应的原料量}}{\text{投入反应器的原料量}} \times \frac{\text{生成目的产物所耗原材料}}{\text{参加反应的原料量}} \times 100\% \\ &= \frac{\text{生成目的产物所耗原材料}}{\text{投入反应器的原料量}} \times 100\%\end{aligned}$$

在生产过程中,想要获得高收率的六氟化铀,往往要控制好各个过程,比如,反应温度、氟气纯度、氟气浓度等。

消耗定额,是指生产单位产品所消耗的原料量,即每生产 1 t(或 1 kg)六氟化铀所消耗的四氟化铀量或氟气量。

$$\text{消耗定额} = \frac{\text{原料量}}{\text{产品量}}$$

工厂中消耗定额包括原料、辅助材料及动力等。消耗定额的高低,说明生产工艺水平的先进与否及操作技术水平的高低,高产低耗,才能降低成本。

二、经济分析

利用成本核算及其他有关资料，分析成本水平与构成的变动情况，研究影响成本升降的各种因素及其变动原因，寻找降低成本的途径。成本分析是成本管理的重要组成部分，其作用是正确评价企业成本计划的执行结果，揭示成本升降变动的原因，为编制成本计划和制定经营决策提供重要依据。

1. 成品分析方法

成本分析的主要内容包括：成本计划完成情况的分析、技术经济指标变动对成本影响的分析、主要产品单位成本分析等。方法主要有：对比分析法、比率分析法、趋势分析法、因素分析法等。

在进行成本分析中可供选择的技术方法（也称数量分析方法）很多，企业应根据分析的目的，分析对象的特点，掌握的资料等情况确定应采用哪种方法进行成本分析。在实际工作中，通常采用的技术分析方法有对比分析法，因素分析法和相关分析法等三种。

1.1　对比分析法

对比分析法是根据实际成本指标与不同时期的指标进行对比，来揭示差异，分析差异产生原因的一种方法。在对比分析中，可采取实际指标与计划指标对比，本期实际与上期（或上年同期，历史最好水平）实际指标对比，本期实际指标与国内外同类型企业的先进指标对比等形式。通过对比分析，可一般地了解企业成本的升降情况及其发展趋势，查明原因，找出差距，提出进一步改进的措施。在采用对比分析时，应注意本期实际指标与对比指标的可比性，以使比较的结果更能说明问题，揭示的差异才能符合实际。若不可比，则可能使分析的结果不准确，甚至可能得出与实际情况完全不同的相反的结论。在采用对比分析法时，可采取绝对数对比，增减差额对比或相对数对比等多种形式。

比较分析法按比较内容（比什么）分为：

1）比较会计要素的总量；

2）比较结构百分比；

3）比较财务比率。

1.2　因素分析法

因素分析法是将某一综合性指标分解为各个相互关联的因素，通过测定这些因素对综合性指标差异额的影响程度的一种分析方法。在成本分析中采用因素分析法，就是将构成成本的各种因素进行分解，测定各个因素变动对成本计划完成情况的影响程度，并据此对企业的成本计划执行情况进行评价，并提出进一步的改进措施。采用因素分析法的程序如下：

1）将要分析的某项经济指标分解为若干个因素的乘积。在分解时应注意经济指标的组成因素应能够反映形成该项指标差异的内在构成原因，否则，计算的结果就不准确。如材料费用指标可分解为产品产量，单位消耗量与单价的乘积。但它不能分解为生产该产品的天数，每天用料量与产品产量的乘积。因为这种构成方式不能全面反映产品材料费用的构成情况。

2）计算经济指标的实际数与基期数（如计划数，上期数等），从而形成了两个指标体系。这两个指标的差额，即实际指标减基期指标的差额，就是所要分析的对象。各因素变动对所要分析的经济指标完成情况影响合计数,应与该分析对象相等。

3) 确定各因素的替代顺序。在确定经济指标因素的组成时,其先后顺序就是分析时的替代顺序。在确定替代顺序时,应从各个因素相互依存的关系出发,使分析的结果有助于分清经济责任。替代的顺序一般是先替代数量指标,后替代质量指标;先替代实物量指标,后替代货币量指标;先替代主要指标,后替代次要指标。

4) 计算替代指标。其方法是以基期数为基础,用实际指标体系中的各个因素,逐步顺序地替换。每次用实际数替换基数指标中的一个因素,就可以计算出一个指标。每次替换后,实际数保留下来,有几个因素就替换几次,就可以得出几个指标。在替换时要注意替换顺序,应采取连环的方式,不能间断,否则,计算出来的各因素的影响程度之和,就不能与经济指标实际数与基期数的差异额(即分析对象)相等。

5) 计算各因素变动对经济指标的影响程度。其方法是将每次替代所得到的结果与这一因素替代前的结果进行比较,其差额就是这一因素变动对经济指标的影响程度。

6) 将各因素变动对经济指标影响程度的数额相加,应与该项经济指标实际数与基期数的差额(即分析对象)相等。

1.3 相关分析法

相关分析法是指在分析某个指标时,将与该指标相关但又不同的指标加以对比,分析其相互关系的一种方法。企业的经济指标之间存在着相互联系的依存关系,在这些指标体系中,一个指标发生了变化,受其影响的相关指标也会发生变化。如将利润指标与产品销售成本相比较,计算出成本利润率指标,可以分析企业成本收益水平的高低。再如,产品产量的变化,会引起成本随之发生相应的变化,利用相关分析法找出相关指标之间规律性的联系,从而为企业成本管理服务。

1.4 差额计算法

差额计算法是因素分析法的一种简化形式,它利用各个因素的目标值与实际值的差额来计算其对成本的影响程度。

1.5 比率法

比率法是指用两个以上的指标的比例进行分析的方法。它的基本特点是:先把对比分析的数值变成相对数,再观察其相互之间的关系。常用的比率法有以下几种。

1) 相关比率法 由于项目经济活动的各个方面是相互联系,相互依存,又相互影响的,因而可以将两个性质不同而又相关的指标加以对比,求出比率,并以此来考察经营成果的好坏。例如:产值和工资是两个不同的概念,但它们的关系又是投入与产出的关系。在一般情况下,都希望以最少的工资支出完成最大的产值。因此,用产值工资率指标来考核人工费的支出水平,就很能说明问题。

2) 构成比率法 又称比重分析法或结构对比分析法。通过构成比率,可以考察成本总量的构成情况及各成本项目占成本总量的比重,同时也可看出量、本、利的比例关系(即预算成本、实际成本和降低成本的比例关系),从而为寻求降低成本的途径指明方向。

3) 动态比率法 就是将同类指标不同时期的数值进行对比,求出比率,以分析该项指标的发展方向和发展速度。动态比率的计算,通常采用基期指数和环比指数两种方法。

2. 主要产品单位成本分析

对全部商品产品成本计划完成情况进行总括分析后,还应对主要产品的单位成本进行具体的分析，从而确定成本升降的原因，提出进一步改进的措施。产品单位成本分析一般是先将产品单位成本的实际数与计划等指标进行比较，计算其差异额和差异率，然后，在此基础上，分析各主要成本项目产生差异的原因。

直接材料项目的分析：

单位材料费用受材料消耗数量和材料价格两个因素的影响，其计算公式如下；

$$单位产品材料费用 = 单位产品原料消耗量 \times 材料单价$$

各因素变动对材料费用影响的计算公式如下：

$$\begin{aligned}&材料耗用量变动对单位成本的影响\\&= \sum[(材料实际单位耗用量 - 材料计划单位耗用量) \times 材料计划单价]\end{aligned}$$

$$\begin{aligned}&材料价格变动对单位成本的影响\\&= \sum[(材料实际单价 - 材料计划单价) \times 材料实际单位耗用量]\end{aligned}$$

3. 成本分析的任务

1）正确计算成本计划的执行结果，计算产生的差异；

2）找出产生差异的原因；

3）正确对成本计划的执行情况进行评价；

4）提出进一步降低成本的措施和方案。

4. 产品单位成本分析的意义

产品单位成本分析的意义，在于揭示各种产品单位成本及其各个成本项目的变动情况，查明单位成本升降的具体原因。

5. 产品单位成本分析的内容

产品单位成本分析包括两个方面的内容：

1）单位成本完成情况的分析

单位成本完成情况的分析是根据“产品单位成本表”上的有关数据资料以及其他有关资料，首先分析单位成本实际数与基准数的差异，确定单位成本是升高还是降低了，升降幅度是多少；然后再按成本项目分别进行比较分析，考察每个项目的升降情况；最后，可针对某些主要项目的升降情况，作进一步深入的分析，查明引起项目成本升降的原因。

2）经济指标变动对单位成本的影响分析

6. 单位成本分析的步骤

构成产品成本的项目多而复杂，我们仅以主要项目如材料费用、工资费用、制造费用等，作为代表性项目进行分析，说明其分析的步骤和方法。

6.1　费用项目的分析

对单位产品成本中材料费用影响的基本因素，是单位产品材料耗用量和材料单价。它们对单位产品影响的计算公式如下：

$$材料耗用量变动的影响 = \sum(实际单位耗用量 - 基准单位耗用量) \times 基准价格;$$

$$材料单价变动的影响 = \sum(实际单价 - 基准单价) \times 实际耗用量。$$

上式中的“基准数”指的是计划数、定额数、上年实际平均、历史或行业先进水平等数值。

6.2　资费用项目的分析

对单位产品成本中工资费用影响的因素,是单位产品工时消耗量和小时工资额。它们对工资费用升降的影响可用下列计算公式:

工时消耗量变动的影响

$=\sum$[(实际单位工时消耗量 － 基准单位工时消耗量)× 基准小时工资额];

小时工资额变动的影响$=\sum$[(实际小时工资额－基准单位工资额)×实际单位工时消耗量]。

6.3　制造费用项目的分析

对产品成本中制造费用影响的基本因素,是单位产品工时消耗量(或其他分配标准)和小时费用分配率(或其他分配率)。其分析的计算公式为:

小时工资额变动的影响

$=\sum$[(实际单位工时消耗量 － 基准单位工时消耗量)× 基准小时费用分配率];

小时费用分配率变动的影响

$=\sum$[(实际小时费用分配率 － 基准小时费用分配率)× 实际单位工时消耗量]。

第五节　培训指导

学习目标:通过本部分的学习,使学员了解职业培训的发展趋势和特点,掌握教学方案和教学计划的制定方法。

一、成人教育的特点

职业培训属于成人教育,掌握成人教育的特点是搞好成人教育的前提。成人教育主要有以下五个方面的特点。

1. 教育对象的成人性

美国成人教育国家顾问委员会指出,成人"就是在青春期之后,不再参与全时正规的学校教育,且能负起成人生活的角色或已经达到法律或社会所认定的年龄,具有相应的权利、义务和责任的人"。

首先,成人具有角色的确定性。成人教育的对象是准备或已被安排到工作岗位的人员,其工作岗位和职务已定,在社会中的角色位置明确,进而角色期望的指向十分确定。一方面社会对受教育对象的期望被确定地体现在岗位职务上,期望着他们尽快得到"武装"进入角色,胜任工作;另一方面,受教育对象的追求目标则被确定地吸引到岗位职务上,期望着自己尽快提高,以适应角色,满足社会的期望。这两种期望也就决定了教育的内外动力和方向。

其次,成人具有心理的成熟性。成人的心理一般已趋于成熟,从而形成了独特的学习优势:一是有强烈的学习动力和明确的学习目的,社会对他们寄托了极大的期望,他们也意识到自己的社会责任,意识到知识、能力对社会和自身的意义,从而产生了强烈的学习动机;同时他们的岗位、职务的确定,对职业上的知识、技能等方面的需求明确而稳定,对学习的极大热忱和紧迫感,明确学习的方向。二是有较强的学习自制力,成人学习目的明确,其学习内容与目前自身的工作有密切的联系，渴望着知识的获取和技能的掌握，从而能引起对学习内容的极大兴趣，从而产生较强的学习自制力。三是有较强的理解能力和应用能力。

成人心理发展成熟，有较丰富的经验，思维能力和动手能力较强，因而对理论知识有较强的理解能力，精于领会，举一反三；同时也善于把学到的知识、技能运用到实际工作，有较强的应用能力。

2. 教育目标的社会性

教育的目标系统中主要有两种互相对立的价值取向，即学术目标取向和社会目标取向。前者强调学术水平的提高和学术生产力的发展，后者重视社会需求的满足和社会生命力的增强。普通高等教育的目标体系中虽然也有职业倾向性，但学术目标取向常常更加为人所称道。

成人教育则与此不同，成人教育所依持的是社会目标取向，以实用为中心、问题为中心、生活为中心。成人教育的学员不但担负着一定的社会职业角色，而且也承诺了需要为之负责的家庭角色。这一切都促使成人教育的目标为主要满足提高成人素质的社会性取向，要尽量以一种速成、速效式的教育方式满足成教学员对于教育投入—产出的高额回报期待。与传统学校教育和普通教育相比较，成人教育不受年龄限制，普通教育以外的任何成人，只要有需求而且自愿，在任何一个合适的时候，皆可参加；而且，成人教育只有起点，没有终点，它在思想观念和办学模式等方面从根本上突破了一次性教育的束缚，为人们形成学习——工作——学习连续、交替的生活程式提供了可能。因此，成人教育能为人们提供贯穿整个生命历程的、多种层次的教育服务。成人教育这种特性在现代科学技术飞速发展和现代社会急剧变化等因素的推动下，最终形成了终身教育思潮，从而使成人教育发展到一个全新的历史时期。

3. 教育内容的实用性

成人教育目标取向的社会性决定了其教育教学内容选择的实用特征。普通教育的教学内容，多是以文化科学理论知识为中心，注重学科的系统性、基础性和多种职业适用性。而成人教育教学内容则是以基本实践操作技能为中心，以实用的科学知识和专业技术技能为主，注重行业、工种、岗位的具体需要，注重学科教学的行业针对性、岗位实用性。因此，成人教育内容的选择一般奉行必需、够用原则，强调“按需施教”“学用一致”，要求“干什么、学什么”“缺什么、补什么”。这一实用特征还表现为所学内容的综合性。成人上岗后要开展工作，必须全面运用知识，施展才能。因此，成人教育的内容必须是成人开展工作所必须掌握的综合性的知识、技能。

成人教育内容的针对性不是如同学历教育那样针对某一专业及其相应的知识结构安排课程，而是针对岗位职务工作需要，其内容一般不需要那么专，但涉及的学科多。

这些学科在普通教育中是分专业甚至分学校的，成人教育则把它们综合到某个岗位上培训，有高度的综合性。这一实用特征还表现为内容要求的规范性。成人岗位职务工作的优化和统一性要求成人教育的内容要有严格的规范性，其规范的依据是岗位职务标准，其规范范围包括培训内容的种类、广度、深度及其对内容掌握的程度。规范培训内容必须把通用性和实用性结合起来，有些规范的培训内容是同行中应普遍掌握的，有的是各个岗位职务各不相同的。

4. 教育形式的多样性

一是教育主体的多元性。只要具备必要的办学条件者,不论是国家、政府,还是各个地方;不论是普通高校、独立设置的成人高校,还是各种教育机构;不论是集体、社区,还是个人,都可以举办成人教育。这与传统的学校教育相比较,具有明显的灵活性。现在我国不但有 1 000 多所普通高校和独立设置的成人高校在举办成人教育,还有大量的工矿、企业、公司、社区乃至公民个人在举办各种形式的成人教育,形成成人教育主体多元化的格局。

二是教育方法的多样性。成人教育要发挥教育对象心理成熟、目的明确等优势,就必须根据不同的教育对象和目标,采取灵活多样的方法:要以学员为本,采取多种互动方法让学员参与,亲自动手操作;要采取直观教学、案例教学等各种启发式方法引导学员独立思考,运用所学知识分析解决实际问题;要通过示范教学、模拟教学、现场教学以及实习等方法,使学员身临其境,耳闻目睹实际的操作,在实践中学会各种技能。三是办学地点、场地、时间的多样性。

成人教育不像传统学校教育,它对办学的地点、场地、时间通常没有很严格的要求和限制,只要符合具备基本要求、基本条件,都可以办成人教育。它可以在正规的学校办,也可以在工厂、企业,乃至车间、实验室举办;可以是全脱产、半脱产,也可以是业余的,是真正的非正规化。

5. 教育管理的协调性

成人教育涉及面广,综合性强,其管理工作是一项复杂的工程,有很强的协调性。

一方面是与劳动人事部门和用人单位之间的协调。成人教育与劳动人事部门和用人单位有着十分密切的联系。成人教育对象是在岗的职工,而不是后备人才,因而需要劳动人事部门和用人单位在教育前准确地提供成人的待培需求情况,教育后依据情况及时提拔使用,使成人教育做到事前定员、定向,事后教育效果得到实现。

另一方面,成人教育要与劳动人事部门和用人单位密切配合,相互之间必须建立正常的业务关系,先由劳动人事部门和用人单位划定岗位职务类别,制定岗位职务标准,预测待培人员情况;再由教育部门制定教育计划,组织教育;然后由教育部门和劳动人事部门和用人单位组成有权威的发证机构,按照岗位职务规范标准进行严格考核,并给合格者颁发相应的岗位职务合格证书;最后由劳动人事部门做出规定,实行先教育后上(转)岗,先教育后任职,先教育后晋升以及在岗不称职,岗后再教育的制度,把培训教育与干部的选拔使用和晋升挂起钩来。这样,才能使岗位职务的定标、教育、考核发证、使用等环节配套成龙,处理好教育者、被教育者与组织者的关系,调动各方面的积极性,使之互相协调。

二、培训教学的基本方法

1. 备课

技师一般具有较高的专业理论基础,良好的专业操作技能和工作经验,或具有某些方面的技能特长,是企业中从事生产和将先进技术转换成现实生产力的重要力量。技师负有对中级工和高级工的理论培训、操作技能培训和指导的责任,并在不同程度上承担着生产现场的管理工作。

技师在给不同等级的工人讲课前,必须通过本教程中讲到的根据不同等级相应的专业知识准备培训讲义。但本教程的内容也是有限的，因此，备课时，应该结合本行业、本企业现状出发，对不同学习阶段的知识进行必要的扩展。培训内容还可以涵盖企业文化、价值观及相关的管理制度等。

2．培训指导的方式

技师对较低技术级别的工人培训与指导的方式有多种，可结合生产和工作的实际灵活采用，并在此基础上不断创新，创造出更多行之有效的方法。除了讲课以外，在实际工作当中应该建立"师徒关系"，即一名技师带一名或几名新工人，在实践中传授技术的方法。

三、培训方案

培训方案是培训目标、培训内容、培训指导者、受训者、培训日期和时间、培训场所与设备以及培训方法的有机结合。培训需求分析是培训方案设计的指南，一份详尽的培训分析需求就大致勾画出培训方案的大概轮廓，下面就培训方案组成要素进行具体分析。

1．培训目标的设置

培训目标是培训方案的导航灯。应明确了解员工未来需要从事某个岗位，若要从事这个岗位的工作，现有员工的职能和预期职务之间存在一定的差距，消除这个差距就是我们的培训目标。有了明确的培训总体目标和各层次的具体目标，对于培训指导者来说，就确定了施教计划，积极为实现目的而教学；对于受训者来说，明了学习目的之所在，才能少走弯路，朝着既定的目标而不懈努力，达到事半功倍的效果。

培训之后，可对照此目标进行效果评估。

2．培训内容的选择

一般来说，培训内容包括三个层次，即知识、技能和素质培训。

1）知识培训

这是组织培训中的第一个层次。知识培训有利于理解概念，增强对新环境的适应能力，减少企业引进新技术、新设备、新工艺的障碍和阻挠。同时，要系统掌握一门专业知识，则必须进行系统的知识培训，如要成为"X"型人才，知识培训是其必要途径。虽然知识培训简单易行，但容易忘记，组织仅停留在知识培训层次上，效果不好是可以预见的。

2）技能培训

这是组织培训的第二个层次，这里技能指使某些事情发生的操作能力，技能一旦学会，一般不容易忘记。招收新员工，采用新设备，引进新技术都不可避免要进行技能培训。因为抽象的知识培训不能立即适应具体的操作，无论你的员工有多优秀，能力有多强，一般来说都不可能不经过培训就能立即操作的很好。

3）素质培训

这是组织培训的最高层次，此处"素质"是指个体能否正确的思维。素质高的员工应该有正确的价值观，有积极的态度，有良好的思维习惯，有较高的目标。素质高的员工，可能暂时缺乏知识和技能。但他会为实现目标有效地、主动地学习知识和技能；而素质低的员工，即使掌握了知识和技能，但他可能不用。

上面介绍了三个层次的培训内容，究竟选择哪个层次的培训内容，是由不同的受训者具体情况而决定的。一般来说，管理者偏向于知识培训与素质培训，而一般职员倾向于知识培训和技能培训,它最终是由受训者的“职能”与预期的“职务”之间的差异决定的。

3. 谁来指导培训

培训资源可分为内部、外部资源。在众多的培训资源中,选择何种资源,最终要由培训内容及可利用资源来决定。

1) 内部资源

包括组织的领导,具备特殊知识和技能的员工。

组织内的领导是比较合适的人选。首先,他们既具有专业知识又具有宝贵的工作经验;其次,他们希望员工获得成功,因为这可以表明他们自己的领导才能;最后,他们是在培训自己的员工,所以肯定能保证与培训有关。无论采取哪种培训方式,组织的领导都是重要的内容培训资源。具备特殊知识和技能的员工也可以指导培训,当员工培训员工时,由于频繁接触,一种团队精神便在组织中自然形成,而且,这样做也锻炼了培训指导者本人的领导才能。

2) 外部资源

是指专业培训人员,学校,公开研讨或学术讲座等。

当组织业务繁忙,组织内部分不出人手来设计和实施员工的培训方案,那么就要求诸于外部培训资源。工作出色的员工并不一定能培训出一个同样出色的员工,因为教学有其自身的一些规律,外部培训资源恰好大多数是熟悉成人学习理论的培训人员。外部培训人员可以根据组织来量体裁衣,并且可以比内部培训资源提供更新的观点,更开阔的视野。但外部资源也有其不足之处,一方面,外部人员需要花时间和精力用于了解组织的情况和具体的培训需求,这将提高培训成本;另一方面,利用外部人员培训,组织的领导对具体的培训过程不负责任,对员工的发展逃避责任。

外部资源和内部资源各有优缺点,但比较之下,还是首推内部培训资源,只是在组织业务确实繁忙,分不开人手时,或确实内部资源缺乏适当人选时,才可以选择外部培训资源,但尽管如此,也要把外部资源与内部资源结合使用才最佳。

4. 确定受训者

岗前培训是向新员工介绍组织规章制度、文化以及组织的业务和员工。新员工来到公司,面对一个新环境,他们不太了解组织的历史和组织文化,运行计划和远景规划、公司的政策、岗位职责,不熟悉自己的上司、同僚及下属,因此新员工进入公司或多或少都会产生一些紧张不安。为了使新员工消除紧张情绪,使其迅速适应环境,企业必须针对上面各个岗位进行岗前培训,岗前培训内容决定了受训者只能是组织的新员工,对于老员工来说,这些培训毫无意义。

对于即将升迁的员工及转换工作岗位的员工,或者不适应当前岗位的员工,他们的职能与既有的职务或预期的职务出现了差异,职务大于职能,对他们就需要进行培训。对他们可采用在岗前培训或脱产培训,而无论采用哪种培训方式,都是以知识培训、技能培训和素质培训确定了不同受训者。在具体培训的培训需求分析后,根据需要会确定具体的培训内容,根据需求分析也确定了哪些员工缺乏哪些知识和技能,培训内容与缺乏的知识及技能相吻合即为本次受训者。

5. 培训时机的选择

培训时机的选择,什么时候需要就什么时候培训,这道理是显而易见的,但事实上,作到这一点并不容易,往往步入一些误区,下面做法就是步入误区。许多公司往往是在时间比较方便或培训费用比较便宜的时候进行培训。如许多公司把计划定在生产淡季以防止影响生产,却不知因为未及时培训而造成了大量次品、废品或其他事故,代价更高;再如有些公司把培训定在培训费用比较便宜的时候,而此时其实不需要进行培训,却不知在需要培训时进行再培训却需要付出更高的培训成本。员工培训方案的设计必须做到何时需要何时培训,通常情况下,有下列四种情况之一就应该进行培训。

1) 新员工加盟组织

大多数新员工都要通过培训熟悉组织的工作程序和行为标准,即使新员工进入组织时已拥有了优异的工作技能。他们必须了解组织运作中的一些差别,很少有员工刚进入组织就掌握了组织需要的一切技能。

2) 员工即将晋升或岗位轮换

虽然员工为组织的老员工,对于组织的规章制度、组织文化及现任的岗位职责都十分熟悉,但晋升到新岗位或轮换到新岗位,从事新的工作,则产生新的要求,尽管员工在原有岗位上干得很出色,对于新岗位准备得却不一定充分,为了适应新岗位,则要求对员工进行培训。

3) 由于环境的改变,要求不断地培训老员工

由于多种原因,需要对老员工进行不断培训。如引进新设备,要求对老员工培训技术;购进新软件要求员工学会安装和使用。为了适应市场需求的变化,组织都在不断调制自己的经营策略,每次调整后,都需要对员工进行培训。

4) 满足补救的需要

由于员工不具备工作所需要的基本技能,从而需要培训进行补救。在下面两种情况下,必须进行补救培训。

(1) 由于劳动力市场紧缺或行政干预或其他各方面原因,你不得不招聘不符合需求的职员;

(2) 招聘时看起来似乎具备条件,但实际使用上表现却不尽人意。

培训是指各个组织为适应业务及培育人才的需要,用补习、进修、考察等方式,进行有计划的培养和训练,使其适应新的要求不断更新知识,拥有旺盛的工作能力,更能胜任现职工作,及将来能担当更重要职务,适应新技术革命必将带来的新知识结构、技术结构、管理结构和干部结构等方面的深刻变化。总之现代培训指的是员工通过学习,使其在知识、技能、态度上不断提高,最大限度的使员工的职能与现任或预期的职务相匹配,进而提高员工现在和将来的工作绩效。

培训理论随着管理科学理论的发展,大致经过了传统理论时期的培训(1900—1930)、行为科学时期(1930—1960)、系统理论时期的培训(1960—现在)三个发展阶段。进入 90 年代以后,组织培训可以说已是没有固定模式的独立发展阶段,现代组织要真正搞好培训教育工作,则必须了解当今的培训发展趋势,使培训工作与时代同步,当今世界的培训发展趋势可以简单归纳以下几点:

其一,员工培训的全员性。培训对象上至领导下至普通的员工,这样通过全员性的职工培训极大的提高了组织员工的整体素质水平,有效的推动了组织的发展。同时,管理者不仅有责任要说明学习应符合战略目标,要收获成果,而且也有责任来指导评估和加强被管理人员的学习。另外,培训的内容包括生产培训、管理培训、经营培训等组织内部的各个环节。

其二,员工培训的多样性。单凭学校正规教育所获得一点知识是不能迎接社会的挑战,必需实行终身教育,不断补充新知识、新技术、新经营理论。

其三,员工培训的计划性。即组织把员工培训已纳为组织的发展计划之内,在组织内设有职工培训部门,负责有计划,有组织的员工培训教育。

其四,员工培训的国家干预性。西方一些国家不但以立法的形式规定参加在职培训是公职人员的权利与义务,而且以立法的形式筹措培训经费。

四、教学计划制定原则

1. 适应性原则

专业设计要主动适应行业发展的需要。教师在广泛调查相关行业现状和发展趋势的基础上,根据其对技能人才规格的需求,积极引入行业标准,确定专业的发展方向和人才培养目标,构建“知识—能力—素质”比例协调、结构合理的课程体系,使教学计划具有鲜明的时代特征,逐步形成能主动适应社会发展需求的专业群。

2. 发展性原则

教学计划的制定必须体现技能人才的教育方针,努力使全体学员实现“理论扎实,实操技能达标”的要求,同时要使学员具有一定的可持续发展的能力,充分体现职业教育的本质属性。

3. 应用性原则

制定专业教学计划应根据培养目标的规格设计课程,课程内容应突出以培养技术应用能力为主旨。基础理论课以必须、够用为度,以讲清概念、强化应用为教学重点;专业课程要加强针对性和实用性,同时要使学员具有一定的自主学习能力和实操能力。

4. 整合性原则

制定专业教学计划要充分考虑校内外可利用的教学资源的合理配置。选修课程在教学计划中要占一定的比例。各门课程的地位、边界、目标清晰,衔接合理,教学内容应有效组合、合理排序,各系可根据自身的优势,在教学内容、课程设计和教学要求上有所侧重,发挥特色。

5. 柔性化原则

各专业教学计划应根据社会发展和行业发展的实际,在保持核心课程相对稳定的基础上及时调整专业课程的设计或有关的教学内容,对行业要求变化具有一定的敏感性,及时体现科技发展的最新动态和成果,妥善处理好行业需求的多样性、多变性和教学计划相对稳定性的关系。

6. 实践性原则

制定专业教学计划要充分重视职业技能教育更注重学员技能培养的特点,加强实践环节的教学。实践教学学时应达到规定的比例,实验教学要减少演示性和验证性实验,增加实习实训学时,实践课程可单独设计,使学员获得较系统的职业技能训练,具有较强的实践能力。

7. 产学研相结合原则

产学研结合是培养技能型人才的基本途径，教学计划的制定和实施应主动争取企事业单位参与，各专业教学计划应通过专业建设指导委员会的讨论和论证，使教学计划既符合教育教学规律又能体现生产单位工作的实际需要。

第六节　生产工艺操作

学习目标：通过本部分的学习，使学员了解本岗位在运行期间的常见设备故障、传质异常现象及处理方法。

一、设备故障及异常现象的处理方法

氟化生产设备运行过程中，可能出现的设备故障、异常现象及处理方法见六氟化铀制备工培训教材高级工部分。处理问题时，可参照下列要求进行。

对于填料式氟气预热器频繁着火的原因分析及建议：

1）填料式预热器本身状态：检查分析填料式氟气预热器是否存在密封不严现象；检查分析预热器内表面是否有油污和未脱脂情况。

2）铜屑填料状态：铜屑是否进行脱脂处理。

3）预热器内氟气流速：因填料充装过于密实，导致气体流速太快。

对于开车初期扩大段过滤系统其中一组因不明原因出现过滤管断裂现象的处理方法：

1）断管位置判断：控制扩大段出口阀门和反吹氮气阀门的开关操作，通过扩大段压力情况判断断管所在位置。

2）过滤管断裂原因分析及对应措施：依据系统的运行状况及相关操作判断过滤管断裂原因，确认并采取相应措施避免再有其他过滤管断裂。

3）应急处理办法：通过关闭手动截止阀和反吹气阀门，将断管所在的一组过滤器出口关闭，并确保不影响扩大段压力控制。

对于阀门因泄漏氟气引起阀门着火的处理方法：

1）紧急停车：发现着火后，立即报告班长，并停止四氟化铀供料，并通知电解岗位将电流降至最低，同时在确保安全前提下就近切断着火阀门处的氟气供应。然后逐级上报。

2）原因分析及处理：使用氮气将阀门所在设备或管道进行置换，并确保阀门不带压条件下，人员拆除阀门分析泄漏和着火原因。然后将进行脱脂等预处理的阀门进行更换安装。

3）测漏消漏并恢复生产：关闭更换阀门前后相关阀门，充氮气打压测漏。氮气打压测漏后，开启相关阀门，通知电解制氟岗位低电流供应氟气，采用淀粉-碘化钾试纸进行测漏。确认无漏后，按照开车程序恢复生产。

第二章　六氟化铀液化取样操作技师技能

第一节　自控仪表知识

学习目标：通过本部分的学习，使学员了解铀转化厂常用的检测仪表、调节系统和 DCS 系统的基本知识。

一、铀转化厂主要检测仪表及调节系统

参见第一章第一节第一部分的内容。

二、DCS 系统的基本知识

参见第一章第一节第二部分的内容。

三、几类检测仪表特点

参见第一章第一节第三部分的内容。

第二节　产品包装

学习目标：通过本部分的学习，使学员了解铀转化厂六氟化铀液化取样操作工作原理和优缺点，掌握液化取样操作、产品保装操作技能。

一、产品容器的准备

1. 产品容器通氟钝化

3 m^3 产品容器在使用前必须要经过通氟钝化，其目的有两个，其一是氟气与产品容器内壁发生反应同时生成一种氟化致密膜，该膜能有效阻止溶解在产品中的少量 HF 气体对产品容器的腐蚀；其二是充压，使其压力达到 0.50～0.60 MPa，利用淀粉碘化钾溶液进行测漏，保压时间为 0.5 h，保压结果为压力表指示值不下降为合格。这样才能保证产品容器无漏点，符合压力容器的要求，保证了产品在装载、运输和运输中的安全。通氟钝化工艺流程图 2-1。

2. 装料后 3 m^3 容器的测压过程

3 m^3 产品容器装料后，在室内冷却 72～96 h，使容器内物料完全冷凝成固态后，需要将容器内不冷凝气体抽空，抽空前对 50 L 容器冷却器加入冷媒，冷却并记录冷却器台秤重量。

温度控制在(33±3)℃，当冷媒循环达动态平衡时，记录电子秤重量，开始进行抽空操作：启动真空泵，依次打开相关阀门，对 3 m^3 产品容器不冷凝气体抽空至−0.07 MPa，之后依

次关闭相关阀门，停真空泵，破真空，停止 50 L 冷媒循环，做好整理工作，以备后用。

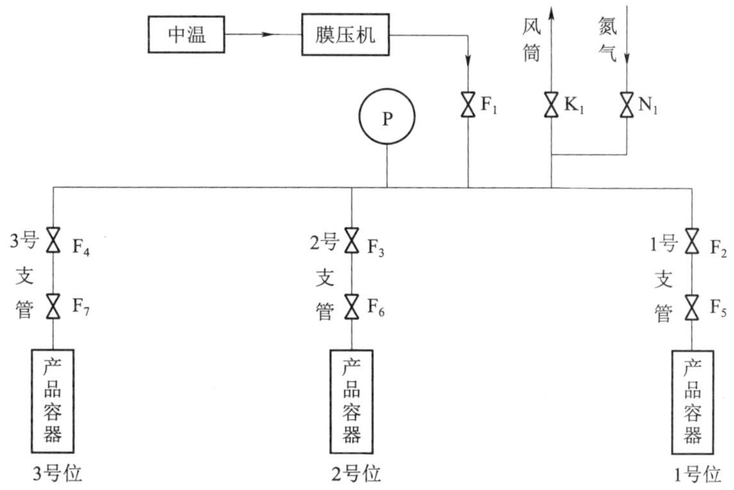

图 2-1　通氟钝化工艺流程图

抽空后的 3 m^3 产品容器放置 24 h 后对其测压，断开连接短路，连接测压系统，打开容器进口阀，于当时容器环境温度下测量该容器的真空度，与内控标准表对照，若达到出厂要求，由安全质量部开出工作票，方可进行后续工作，否则重复上述操作，直至合格。

测压合格后，将测压口处黏结物料清理干净，用氮气干燥后上好瓶盖，准备吊装，入库。

3. 液相转移操作

仪表工对一级冷凝器和产品包装小车上的电子秤进行校正、调零、检查液相转移管道温度是否低于 85 ℃。检查一级冷凝器内温度和压力，是否在正常控制范围之内，复查无误后，准备向 3 m^3 容器转移。

转移操作时，开启液相转移管道的相关阀门，开启一级冷凝器液相转移阀门，使液态六氟化铀完全充满液相管道，在缓慢开启产品包装控制阀门，此时可用手摸进口阀处温度货品观察压力表变化等方法判断转移是否畅通，若畅通则将进口控制阀门全部打开。转移过程中，控制转移速率小于 6 000 kg/h，转移完成时间不小于 90 min，每 15 min 记录一次一级冷凝器的减重和产品包装容器的净增重，每 30 min 记录一次容器、管道各点温度及压力，密切观察电子秤的重量，当产品容器物料达到 9 100～9 200 kg 时，关闭液相转移管道的阀门，停止转移。

一级冷凝器向产品包装容器转移完成后，再向其他容器继续转移，同样是保持容器阀门关闭状态，先开容器进口短道阀门，在缓慢开启 3 m^3 容器阀门，排到转移畅通后全开容器阀门，转移完成后，先关闭容器进口短管阀门，再关液相管道阀门。

产品包装容器在工位上放置 72～96 h 自然冷却后，方可关闭容器阀门。其他工位产品包装同期也赚操作按上述步骤进行。

液相转移完成后，开启其他一级冷凝器进口支管阀，视系统压差情况，缓慢开启容器进口阀，将容器内剩余物料气相转移进另一台生产汇总的容器，转移完成后，关闭容器、管道相应阀门，停止加热，自然降温，备用。

液相管道内剩余物料,通过液相转移管道,吸入带负压的备用容器当中。

二、六氟化铀液相取样操作

1. 采样要求

1) 采样人员需用特定的采样工具按照规定的方式进行采样,采样中所用的各种器具和容器应保持清洁,特殊样品容器的密封性应符合要求,所取样品应具有代表性,重量应符合相关规定。

2) 161 产品每罐同时取三个样品。

3) 生产中所需原料、专料的取样:HF 按一罐取一个样品;电解质 KHF_2 采用抽检方法取样,抽检率控制在 2%。

4) 电解过程中电解质酸度的取样控制,161 生产中前几批炉气样品的取样控制。

5) 取样人员取好样后应填写取样单(送样单上将其样品名称,分析项目,取样时间,取样地点,取样人,送样人填写清楚)将被采样品送达分析室;收样人员收到样品后,要检查样品容器是否干净,有无破漏,检验项目是否填写齐全,样品重量是否达到理化检验技术要求,岗位取样单是否按规定的内容填写齐全,编号和日期是否有误等,这些项目检查完毕确定无误后双方签字。

2. 样品分析、保管要求

1) 收样人员按样品标签和取样单所示内容进行样品登记、编号,然后通知理化检验的有关岗位进行理化分析。

2) 样品要分类标识存放。对未分析的样品放置在待检区、对以分析的样品将合格的放置在合格区内、不合格的放置在不合格区内,定期进行回收。

3) 按规定要求将 161 样品保存,保存的样品按时间顺序分类摆放整齐,有醒目标识和具有可追溯性,待废气的样品要分开堆放定期处理。

4) 仲裁样品要用专柜保管,并做好相应的原始记录。

5) 保存样品、仲裁样品和回收样品的处理,均应经安全质量不审批,在接到样品处理通知单后进行,否则不得处理任何样品。

3. 分样要求

1) 分样前要认真检查使用设备和器具,防止其他物质混入样品中。

2) 在分析过程中,要严防样品交叉污染,不同性质的样品使用专用工具,严禁共用,确保原物料性质。

3) 对分好的样品或加工好的样品要及时装入容器中按要求检验的项目进行分析检验,并做好原始记录。

第三节 培训指导

学习目标:通过本部分的学习,使学员了解职业培训的发展趋势和特点,掌握教学方案和教学计划的制定方法。

一、成人教育的特点

参见第一章第五节第一部分的内容。

二、培训教学的基本方法

参见第一章第五节第二部分的内容。

三、培训方案

参见第一章第五节第三部分的内容。

四、教学计划制定原则

参见第一章第五节第五部分的内容。

第四节　生产工艺操作

学习目标：通过本部分的学习，使学员了解本岗位在运行期间的常见设备故障及处理方法，了解 DCS 系统控制的设备报警限值。

一、设备故障异常现象及处理方法

六氟化铀冷凝液化设备运行过程中，可能出现的设备故障、异常现象及处理方法见表 2-1。

表 2-1　冷凝液化工序不正常现象及处理方法

序号	不正常现象	原因分析	处理方法
1	产品钼不合格	1. 设备、管材腐蚀造成钼元素含量超标	在确保安全的前提下，可将不合格产品进行气相转移入系统，进行稀释，降低钼元素浓度
		2. 润滑剂使用不当	
		3. 取样系统沾污	
		4. 分析装置沾污	
		5. 分析方法不正确	
2	炭化炉炉壁蚀穿	1. 水流量不足，造成热量积累	增加水速度
		2. 氟气进料量太大	减小氟气过剩量流量
3	炭化炉炉壁烧穿	1. 温度过高烧穿	采用冷却降温或减少尾气中氟气量等方案根据现场实际情况，若有大量尾气漏出，人员无法靠近，则停止投料，然后进行处理；若泄漏较小，人员穿戴劳动保护用品后可以进行切换炉体操作，则切换至其他炭化炉运行
		2. 腐蚀造成局部强度不够	
		3. 木炭量过多	合理添加木炭
		4. 水流量过小	检查水阀门，调节冷却水流量

续表

序号	不正常现象	原因分析	处理方法
4	一级冷凝器压力过高	1. 二级冷凝器气相转移过大	调整罐压、罐温
		2. 冷媒流量过小	检查流量是否正常，调整流量
		3. 截止阀故障	检查截止阀
		4. 漏入氮气	检查氮气进口的相关阀门
5	二级冷凝器压力过高	1. 一级冷凝器未冷凝气体过多	调整一级冷凝器罐压、罐温
		2. 冷媒温度过高	检查冷媒进口温度连锁是否正常
		3. 氮气流量过大	减小氮气流量

二、DCS 系统控制的设备报警限值

为了便于监控系统的运行情况，利用 DCS 系统给一些关键参数设置了报警限值。主要的参数报警点有：重量、流量、转速、压力、温度等。特别是在六氟化铀液相转移操作运行期间，须确保温度符合安全操作要求。为防止六氟化铀液体泄漏事故的发生，必须严格控制关键设备的报警限值。

第五节　故障处理一般要求

学习目标：通过本部分的学习，使学员了解故障处理一般要求，具有遵守安全生产的能力。

通常，故障可按事件来管理。

安全事件管理按照“专业管理、综合归口”的原则进行分类管理。

通常按照公司、车间、班组进行分级管理。凡属公司内涉及多个部门(单位)、且影响面较大的事件，由公司各职能部室按职责分工组织调查处理，并按要求口头和书面报告；凡属只涉及本车间(部室)、影响面较小的事件，由车间(部室)组织调查处理，并按要求口头和书面报告；凡属只涉及本班组、影响面很小的事件，由班组组织调查处理。

1　事件调查和处理原则

发生安全事件后，根据事件性质及事件分级情况，由事件负责单位按照“四不放过”(事件原因不清楚不放过、事件责任者及员工未受到教育不放过、安全措施不落实不放过、事件责任者未受到处理不放过)的原则，查明事件经过、事件原因和事件损失，落实责任，吸取事件教训，拟定改进措施，并提出对事件责任者处理意见。

2　事件报告时间要求

2.1　发生安全事件后，岗位人员应在 1 h 内向车间主任及调度口头报告，车间主任应根据事件类别在 8 h 内向主管部室报告，主管部室视事件情况向分公司主管领导汇报，同时告知安全质量部，必要时在 12 h 内向安全防护处口头报告事件。

2.2　在发生安全事件后 3 日内，事件负责单位以书面方式，经本部门主管领导、安全质量部主管领导以及分公司主管领导审核签字后向安全防护处提交事件报告。

2.3　在发生安全事件后的20日内，事件负责单位以书面方式，经本部门主管领导、安全质量部主管领导以及分公司主管领导审核签字后向安全防护处提交事件书面总结报告。事件书面总结报告的格式及内容见附录B。

2.4　如遇要求报告日的最后一天是节假日或双休日，则应提前递交报告。

3　事件报告类型

3.1　军工核设施装(投)料调试阶段应提交的事件报告

3.1.1　违反许可管理规定或其他核安全法规。

3.1.2　调试过程中违反安全分析报告中承诺或偏离安全分析报告情况。

3.1.3　违反安全限值和条件的事件。

3.1.4　导致密封屏障失效或损坏的事件。

3.1.5　可能导致核临界事故的事件。

3.1.6　安全重要构筑物、系统和部件(或设备)故障、损坏或失效的事件。

3.1.7　放射性污染扩散事件。

3.1.8　工作人员受过量照射及伤亡事件。

3.1.9　放射性和化学有害物质释放超过规定限值的事件。

3.1.10　安全防护处或分公司认为需要报告的其他事项。

3.2　军工核设施运行阶段应提交的事件报告

3.2.1　违反许可管理规定或其他核安全法规。

3.2.2　违反经认可的质量保证大纲要求。

3.2.3　违反安全限值和条件的事件。

3.2.4　导致密封屏障失效或损坏的事件。

3.2.5　可能导致核临界事故的事件。

3.2.6　安全重要构建物、系统和部件(或设备)故障、损坏或失效的事件。

3.2.7　放射性污染扩散事件。

3.2.8　工作人员受过量照射及伤亡事件。

3.2.9　放射性和化学有害物质释放超过规定限值的事件。

3.2.10　运行过程中发现在设计、采购、施工、试验、运行、试验、维修、检查、人员培训、资格考核、安全分析和评审工作中存在的有可能对核设施的安全产生有害影响的事件。

3.2.11　有可能对核设施安全运行构成威胁或产生影响的自然事件。

3.2.12　有可能对核设施安全运行构成威胁或产生影响的人为事件。

3.2.13　其他对安全有影响的公众关注事件。

4　事件报告内容

4.1　事件报告内容

4.1.1　各分公司名称、核设施名称、报告时间；

4.1.2　事件发生时间及简要描述；

4.1.3　事件发生后的应对措施、效果，截止报告发出时的现状。

4.2　事件书面总结报告内容

4.2.1　各分公司名称、核设施名称、事件名称、报告时间；

4.2.2　事件过程描述；

4.2.3 事件原因分析；

4.2.4 事件后果及影响评价；

4.2.5 事故的处理情况；

4.2.6 纠正措施及落实情况；

4.2.7 经验教训总结；

4.2.8 需要说明的其他问题和参考资料清单。

5 事件报告流程

人员轻微伤事件上报流程、轻伤及以上事件上报流程和设备事件及工艺异常工况上报流程，根据主管部门不同，按照不同的上报流程及时报告。详见附录C。

6 监督检查与责任追究

6.1 分公司安全质量部对分公司所属各单位执行本管理规定的情况进行监督检查。

6.2 发生安全事件后，未按照“四不放过”原则进行处理的，按照《职业健康安全、环境管理目标责任书考核办法》相关条款进行考核。

6.3 隐瞒、迟报、谎报已发生的安全事件，按照《职业健康安全、环境管理目标责任书考核办法》相关条款进行考核。

7 记录

按照类别报告并做好记录。

以五〇四厂液化倒料容器阀门夹料事件(2012年)为案例介绍一般事件的处理流程。

一、事件报告

(一) 事件描述

2012年5月17日，液化倒料工艺值班人员发现2号压热罐pH罐显示电导率为78.30 μS/cm，高于正常显示值(20～40 μS/cm)，值班人员立即报告工段及车间。工段当即组织人员对液化倒料工艺系统进行测漏检查，未发现异常。

但是期间2号压热罐pH罐显示电导率持续升高，最高达246.10 μS/cm(电导率示值最大可显示9 999 μS/cm)，车间分析、判断2号压热罐内正在升温的倒料容器可能有物料逸出。当日17:00决定停止2号压热罐加热，进行降温处理，并对压热罐内腔进行抽空置换。

5月21日13:00，压热罐内温度降至室温，工艺人员打开压热罐门，对倒料容器进行仔细检查，倒料容器完好。打开气态阀堵帽，发现堵帽上有少量物料。随后对该容器降温至−25 ℃左右后进行换阀芯处理，重新上紧堵帽，对压热罐内腔进行擦拭去污。

处理完成后5月22日液化倒料工艺恢复正常工作。

(二) 事件原因分析

1. 直接原因

液化倒料容器阀门夹料，阀门堵帽密封不严。在压热罐对倒料容器加热升温过程中物料进入阀腔，泄漏至压热罐内。

2. 根本原因

(1) 对相关人员日常安全培训不到位，工作人员安全意识淡薄，对取料结束后的容器阀门堵帽未上紧可能存在的安全风险认识不到位。

(2) 颈部加热器供电设计存在缺陷,与取料冷风箱的供电连在一起,取料结束时,冷风箱停电,容器阀门处的颈部加热器也停止供电,此时温度降低,此处若有物料极易冷凝,关阀门时就容易夹料。容器拉到液化倒料厂房内加热时,物料变成气态,此时阀门处就可能出现物料泄漏的现象,存在安全隐患。

(3) 车间安全监管不到位。车间安全管理人员在上堵帽前未提出管理要求,未能尽到现场监管责任。

(三) 事件后果及影响

1. 对设施运行的影响

物料泄漏到压热罐内,污染了压热罐,为处理该问题需要将已经升温的压热罐停止升温,等其自然降温后,打开压热罐进行处理。这样就会影响了该工作位液化倒料工作的正常时间安排,延长了该批液化倒料工作结束时间(4 天)。

2. 放射性后果

该事件仅污染了设备(压热罐),影响了液化均质工作的正常进行,泄漏的少量放射性物质滞留在压热罐内,液化均质厂房和环境均未受到污染。5 月 17 日~22 日厂房内空气样铀气溶胶浓度 0.018~0.040 $\mu g/m^3$,平均值为 0.026 $\mu g/m^3$(厂房内空气样铀气溶胶浓度管理目标值为 5 $\mu g/m^3$),处于通常水平。

3. 潜在后果

UF_6 气体易与空气中水分子发生化学反应,产生具有腐蚀性的 HF,可能对压热罐等造成腐蚀,也对后续清洁工作带来一定难度。同时若压热罐和厂房密封不严,物料有可能泄漏到厂房和环境中。

(四) 事件分级

0 级。

(五) 纠正措施

为充分吸取本次事件经验教训,避免类似情况再次发生,公司主要采取了以下纠正措施:

1. 车间组织有针对性的专项安全培训教育,增强管理人员和工艺作业人员的安全意识,强调工艺操作不严谨可能产生的风险和危害,进一步提高员工的工作责任心。

2. 对容器阀门的颈部加热器的供电方式进行的修改,使得取料结束后冷风箱的供电停止时颈部加热器的供电不停(另接电源),这样阀门此时即使有物料也不会冷凝,提高了设施的固有安全性。

3. 对相关管理文件进行了修订,要求离心工艺在取料结束后冷风箱停止时延长颈部加热器加热时间。

4. 进一步加强监督管理,要求液化倒料车间管理人员对可能存在的作业安全风险进行充分考虑,并进行现场监督、验证。

(六) 经验反馈

本次事件发生后,岗位操作人员和液化倒料车间处理人员反应及时、事件判断和应急处理恰当,但从事件的发生和后续处理中发现的一些问题中应该充分汲取以下经验教训:

1. 必须把减少和防止设备故障和人为差错作为重要的安全管理目标。

2. 操作职工应严格按要求、技术标准、规范进行操作,不能凭经验进行盲目操作。

3. 要不断提高人员的安全和风险意识。无论是现场操作人员还是管理人员必须要有风险意识,对可能存在的风险进行充分考虑和判断,不能凭经验和习惯草率行事。

4. 要充分发挥管理人员和管理部门的监督管理和培训教育职责。

二、事件剖析

(一) 原因分析

这是一起人因失误事件,工作人员对堵帽密封不严,导致物料泄漏至阀腔,阀门处的颈部加热器停止供电,温度降低,物料冷凝,造成阀门夹料。

通过原因因素图法(图 2-2)进行根本原因分析,得出本次事件的根本原因主要有:

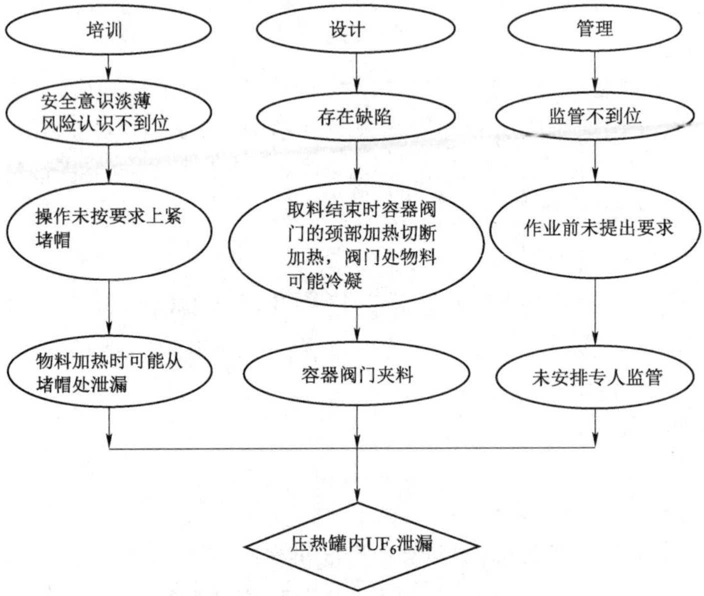

图 2-2　六氟化铀泄漏原因因素图

1. 工作人员安全意识淡薄。工作人员未按要求将阀门堵帽上紧,对关键部位密封性的风险认识不到位,安全意识淡薄。

2. 设计缺陷。阀门处的颈部加热器供电设计存在缺陷,与取料冷风箱的供电连在一起,取料结束时,冷风箱停电,容器阀门处的颈部加热器也停止供电,此时温度降低,此处若有物料容易冷凝,关阀门时就容易夹料。

3. 车间安全监管不到位。车间安全管理人员在上堵帽前未提出管理要求,未能尽到现场监管责任。

总体上,营运单位对此次事件原因的分析比较清楚,找出了此次事件根本原因的主要方面。

(二) 后果

本次事件导致物料泄漏到压热罐内,污染了压热罐。此外还延长了该批液化倒料工作结束时间(4 天)。对工作人员和环境未产生影响。

（三）纠正措施

营运单位采取了 4 项纠正措施，组织有针对性的专项安全培训教育，可以增强管理人员和工艺作业人员的安全意识，强调工艺操作不严谨可能产生的风险和危害，进一步提高员工的工作责任心。对容器阀门的颈部加热器的供电方式进行的修改（另接电源）和取料结束后冷风箱停止时延长颈部加热器加热时间，可弥补设计缺陷，从根本上解决物料凝集的问题。进一步加强监督管理，并对液化倒料车间的操作进行现场监督、验证，可以保证操作规程的有效执行。

总体上，营运单位采取的纠正措施涵盖了根本原因的主要方面，针对性和可执行性较强。

（四）经验反馈

事件报告中的经验反馈内容可以看出：

1. 营运单位找出了事件的根本原因，并制定了相应的纠正措施；

2. 营运单位应加强管理，对关键岗位的操作应进行必要的现场监督和验证，确保设施运行安全；

3. 加强培训，提升员工的安全意识、风险意识、守法守规意识，强化操作技能；

4. 营运单位应改进相关设备的设计，提高安全性。

（五）启示

关键岗位的操作应进行必要的现场监督和验证，确保设施运行安全。人员培训应引起足够重视。

第三章　技术文件的编写

第一节　概　述

学习目标：通过本部分的学习，使学员了解技术文件的特点，掌握文献检索方法，具有检索文献能力。

技术文件是指产品实现过程的设计图纸、技术标准等资料。一般情况下，技术文件包括生产运行类工艺技术文件和生产运行准备类工艺技术文件两类。

生产运行类工艺技术文件是指导生产线/工艺生产操作的技术文件。由两级文件构成，一级文件为工艺规程，二级文件包括工序操作规程（含操作单）、异常工况处理规程和定期试验规程。

生产运行准备类工艺技术文件是生产线/工艺在调试前及调试过程中制定的相关技术文件，包括调试大纲、调试方案、调试报告、整改方案和整改验证报告，以及调试阶段的工艺规程和工序操作规程。写好技术文件，离不开科技文献的检索和使用。另技术文件本身也是一种科技文献，如国家颁布的技术标准。

1. 科技文献的种类

以一定的科技术语来表达人们的技术思想、对自然界的认识和改造情况的文字、图像材料，统称为科技文件。它是生产建设和科学研究活动的记录、依据或总结，是进行科学技术交流必不可少的工具。按照科技文件的性质、用途和形式，可将其分成文字、图像和表格三类。

文字类包括科学论文、技术报告、计算书、说明书、技术标准、综合评述、技术鉴定证书、科技协作合同和专利申请书文件等。其中，科技论文是以特定的概念和严密的逻辑论证来表达某一科研成果的文字材料，是科技文件中用得较为广泛的一种；技术报告时表达技术思想和技术成果的文字材料，它常常可以起到与论文同样的作用；计算书是一种确定技术指标和计算构建物、产品等的设计数据和配方的文字材料；说明书是说明建筑对象、工业产品等的设计、施工、用途、外形、结构等情况的文字材料，如设计说明书、安装说明书、产品说明书、设备使用说明书，各种计算的说明书和合理化建议说明书等；技术标准是对产品和零部件的质量、规格、生产过程及检验方法等所做的技术规定，是从事生产和建设的共同的依据，分有国际标准、区域性不爱做、国家标准、部标准、企业标准，以及基础标准、产品标准、方法标准等；技术鉴定证书具有统一的格式，它是对某一技术成果（如新产品、新材料、新设备等）的鉴定结论，是申报发明，进行批量生产的依据；科技协作合同，是双方或多方为了完成某一特定的科技任务而共同签订的表达各自的权利和义务的契约，如科研（研制）合同、新产品试制合同和科技咨询合同等；专利申请文件规定有统一的格式，它是为了取得发明创造专利权而向专利局呈报的载有科研发明内容的文字材料;综合评述则是对某一科技领域在一定时期的进展情况进行总结的综合性情报材料,它在一定程度上反映着作者的见识和水平。

图像类包括图样和录像两种。其中,图像时用特定的制图方法绘制在平面上的物体图或其他专业的直线和曲线图,如机械制造业中常用的系统图(示意图)、总图、外形图、装配图、安装图、零件图、表格图、以及在建筑业中常用总平面图、平面图、剖面图、透视图、大样图、竣工图等。录像则是一种记录科技内容的手段,它有灵活、方便、贮存信息密度大等优点。

表格类包括明细和一览表,其中,明细表式用来记载产品中所包含的零件、部件、组件的名称和数量的,可用于进行产品的制造、统计、组套、编制计划等、一览表又叫汇总表,是为了一定的用途在明细表的基础上整理而成的。

2. 科技文献的编写要求

科技文献的编写要求,包括文字、代号、符号、公式及标点的运用等。在书写时,字迹要工整易变,切勿潦草。简化汉字应以国务院最新发布的简化汉字为准,切忌写别字、错字。外文字母应以 Times New Roman 形式书写。

文件中的科技名词和术语,应采用通用的统一名词,避免用俗名或地方性名称,并注意同一份文稿内以及其他符号、代号,也应该符号国家的有关法令和标准。在书写各类符号、代号时,不能与文字夹杂使用,如“钢轨每米重量”不能写出“钢轨每 m 重量”,“其长度应大于链环宽度”不能写成“其长度应>链环宽度”,“铁的百分含量”不能写成“铁的%含量”等。

计量单位应按国家规定,尽量采用国际单位制。计量单位在文字叙述中用中文名称,在公示、图表中则用符号。如果有同一计量单位的一系列数值时,可仅在最末的数字后面列出计量单位符号,如 100、150、200、250 kg。应该注意的是,在使用英制单位时,切勿使用已被淘汰的名称,如英尺不能写成呎,盎司不能写出英两等。

公式应书写在正文居中位置,公式中符号的意义和计量单位,应注释在公式的下面,每条后加分号,最后用句号。在同一篇文稿中,所使用的符号意义应该相同。一篇文稿中有两个以上的公式时,应在公式后面以带圆括号的阿拉伯数字顺序编号,公式与顺序号之间亦可用“……”连接。公式很长时,最好在等号或两相间+、−号处转行。

文件中的标点符号应正确使用,书写清楚,标注于规定位置。句号(。)、逗号(,)、顿号(、)、分号(;)、冒号(:)、问号(?)、感叹号(!)、以及括弧()与引号(“”)的一半约占一格位置,前三种置于格内左下方,后五种置于格内左下方,后五种置于格内正中,引号则置于格内上方正中处;破折号(—)与省略号(……)占两格,剧中书写,如在行末而仅余一格时,外面用双引号(“”),里面用单引号(‘’);括号外面套括号时,外面用[ ],里面用()。

在复合单位中用作分隔号时,采用圆点(·),居中书写,不单占一格(如千瓦·小时);表示外文缩写时,写于字母的右下方(如巴普洛夫 M.A.)小数点亦用圆点,写于两数字之间偏下处,不单占一格(如 92.8%)。

连字符(或称连接号)采用对开短线,写于字间,不占一格(如 GB/T 19000—2000,磁选-浮选流程)。中外文之间一般不用连字符(如 X 射线不写成 X-射线,α 铁不写成 α-铁)。

2.1 数字的表示方法

数目字从两位到四位一律用阿拉伯数字书写,每两个数码占一格。万以上的,单位用汉字,数字用阿拉伯数字。数量单位应以汉语习惯为准,即用万进制,不用千进制。如 70 万吨不能写成 700 千吨;12 500 万元可写成 1.25 亿元,但不能写成 125 百万元。在某些情况下,则一般用中文数字表示。例如,10 以内的数字,如“每批任选一个做实验”“重新热处理最多不超过三次”;表示次数的数字,如第五位、第十届年会;不定数,如七、八百人,几十万吨;专门名词、人名、地名、书名、成语、习惯用语中的数字,如五年计划,兰州市等。

数字中的小数,必须写出小数点前定位的“0”。数值的有效位数应全部写出,如级差为 0.25 的数列,数列中的每一个数均应精确到小数点后第二位,即正确的写法是 1.50,1.75、2.00,而不能写出 1.5、1.75 和 2。

表示偏差范围的数值,应按下列方式书写:即(20±2)mm(不能写成 20 mm±2 mm),$20\pm_{1}^{2}$ mm,80_{0}^{+2} kg(不能写成 $80\pm_{0}^{2}$ kg);75 $\mathrm{kg}_{-20\ \mathrm{g}}^{+50\ \mathrm{g}}$。

包括年、月、日、时、分、秒的时间,均用阿拉伯数字表示,如 1984 年 1 月 5 日;8 点 15 分。但世纪、年代以及不定数,则一般用中文书写,如 20 世纪 80 年代,七、八月间,四年多时间。书写年份一概用全数,不得省略,如 1980 年不能写出 80 年,1950—1960 年不能写出 1950～60 年。

表示数字的增加与减少,要注意用词和概念。例如,增加过去的两倍,即过去为一,现在为二;增加二倍,即过去为一,现在为三;增加了两倍,即过去为一,现在为三;超额 20%,即原料是 100,现在是 120;降低到 80%,即定额是 100,现在是 80;降低了 20%,即定额是 100,现在是 80。按汉语习惯,不能用“降低(减少)百分之几”或“降低(减少)几分之几”。因为减少一倍就意味着一减一等于零,所以,减少几倍是不可理解的。

2.2　试验曲线的绘制

用实验曲线图表示实验结果,具有简明、直观、容易比较等优点,它是科学论文、技术报告等科技文件的重要组成部分。绘制试验曲线图通常要经历选择图纸、坐标分度、按数描点、依点画线和图的标记等几个步骤。

画图前应选择合适的图纸。常用的图纸有指教坐标纸、对数坐标纸和三角形坐标纸等几种。在选择坐标纸时,应考虑其质量能否满足长期保存的要求、透明度或不透明度是否合乎以后晒图或描图的需要、图纸的颜色对将来复制有无影响以及疏密是否等当等因素。

坐标分度,是指沿坐标轴规定的每一单位长度所代表的数值。分度应遵循易读、匀称以及尽量使图形呈直线的原则。一般说来,以 x 轴为自变量,y 轴为因变量,以 1、2、4、5 及其 10 的若干次幂的分度易读,以 3、6、7、9 及其若干次幂的分度难读。所谓匀称,是指图像的位置应居中、美观。此外,坐标的分度对图的形状影响很大。即同一组试验数据,当分度不同时,会描绘出不同形状的线条,由于直线简单易画,因此在分度时应尽量使图像呈直线。

为了节省篇幅和便于比较,变量相同的几根曲线可以合并在一幅图上,并在图中加标记说明,以便使读者无需查阅正文就能读懂。变量不同的曲线经过处理也可以绘制到同一幅图上。

2.3　表格的绘制方法

表格是表示试验数据的另一种重要形式,其优点是形式紧凑,便于查找、对比,可以表示多个变数。凡是难以用图表示的,都可以用表格表示。

表格无固定的形式,应根据内容以紧凑、易读为准。表内的数据的对应要对齐,空位画一横线“—”,表示没有数据。暂时无法列出数据时,可留空位,亦示与有横线相区别。表内上下行数字相同时，应重复写，不能用“//”代替。上下栏文字相同时，下栏可写“同上”；左右栏相同时，右栏可写“同左”。表内文字较短时，应居中列出。如果文字较多需转行，头行应缩一格。表内文中也需正确使用标点，但最后一律不用标点。

根据版面要求，表格的形式互换，即将竖为横，将横为竖。

第二节　科技论文编写方法

学习目标：通过本部分的学习，使学员了解科技论文的编写要求，掌握写作方法，具有编制技术论文的能力。

1. 标题的拟定

标题是论文内容的高度概括，是文章内容的“窗口”，是读者寻觅有用资料的向导，同时也是图书、资料管理人员进行分类时的重要依据。为此，标题应具备准确性、简洁性和鲜明性。

准确性就是用词要恰如其分，反映实质，表达出研究的范围和达到的深度。例如像“不锈钢的机械性能”这类的标题，就不准确，过于笼统。因为不锈钢的种类很多，究竟指的是哪一种类没有反映出来。所以，按照文章的内容，应将该标题改为“Ni、Ti 和 Mo 对 18-8 不锈钢的机械性质的影响”。简洁性是指在能把内容表达清楚的前提下，标题应越短越好，以便于记忆。但也不能为了追求短而标新立异。如像“Q”这类的标题，虽然只有一个字，不能再短了，但它不能反映出文章的实质内容，令人费解，图书、资料管理人员也无法根据标题进行分类。有的标题过长，但删掉一些字以后，内容有表达不清楚。遇到这种情况，可以采用设置主标题与副标题的办法处理。

所谓鲜明性，就是要一目了然，不费劲，无歧义，便于引证、分类。在拟定文章标题时，必须注意便于引证、分类。文章的标题很含糊，就会给图书管理人员和情报人员做索引、分类时带来极大的不便，分不清文章是属于哪个范畴，是否与自己的研究方向有关。例如，“关于米勒的维纳斯的考察”这样的标题，就很像是美术方面的文章，其实不然，它是人类工程学方面的论文。这个标题的弊端就在于缺少反映文章内容的关键词。如果在标题中加入“人体工程学”，将上述标题改为“关于米勒的维纳斯体的人类工程学的考察”，就可以使该标题具有鲜明性，不致引起的混淆。

2. 摘要的写法

摘要又叫提要、概要、简介等，他是文章主要内容的摘录。衡量一篇摘要是否合乎要求，主要看它是否简短、精粹、完整。所谓简短就是指篇幅短，最短的只十几个字，长的为 300～500 字。除另有要求，一般摘要的字数应为正文的 5%～10%。国际标准化组织 5966 号文件建议，一篇摘要不要超过 250 个单词。精粹是指摘要中要包含文章内容的精华。而完整则是指它可以独立成篇。有一种检索性刊物—文摘杂志，专门刊登摘要，为读者提供线索，可以循此找到原著。

摘要的种类很多，有报道性照样、指示性摘要、倾向性摘要、题录式摘要、电报式摘要和分析性摘要等。其中，最常用的有报道性摘要和指示性摘要。以下仅就这二种摘要的写法予以简单介绍。

报道性摘要很长,一般在 300 字左右,应用性研究的科学论文适于写成这种摘要。摘要中应包括目的、范围、试验方法与装置、结果和结论,其中结果和结论是重点。

指示性照样只叙述报告内容的精华,而不涉及研究方法、结果和结论,其篇幅通常只有 30～50 字。科学论文和以数学解析为主的论文,以及综述、科研总结报告等,一般都写成这类摘要。

3. 前言的写法

前言又名引言、绪言、绪论、引子等,它的作用是引出所论问题的来龙去脉,回答为什么要写论文,以提起读者的注意。为此,前言中应包括研究的背景、目的、范围、方法和取得的成果的意义等。

其中,背景是指该项研究在以往的开展情况、前人或近来已经做了哪些工作、现在进展到何种程度以及还有哪些问题尚待解决(即存在哪些知识空白),使读者了解到该项研究在所属领域中所处的位置和重要程度。目的则是回到为什么要开展这项研究,使读者可以据此判断是否有必要阅读该文。范围就是指研究所涉及的范围,或所取得成果的适用范围。方法则是指研究所采用的试验方法或试验途径(只写试验方法的名称后即可,无需展开)。意义就是自我评价,可根据文章的内容来决定写还是不写。在自我评价中,“世界先进水平”“前所未有”“国内外独创”“填补空白”等一类的词语时,一定要谨慎,不可言过其实,要实事求是,做到名符其实。

前言贵在言简意明,条理清晰,容易理解。切记不要用“众所周知”“大家知道”一类词汇做开头。因为论文的读者对象时本行业的专家,它们读论文的目的是学习、查找、运用最新的观点和成果,而不是重新学习“众所周知”或“大家知道”的老生常谈。

前言的篇幅因文章的性质而异。一般说来,学位论文的前言较长,有的可近万字;而在杂志上发表的科学论文或技术报告,其前言都比较短,一万字的文章只需 300 字即可。

4. 正文的写法

正文是文章的主题,其写法因文章的内容而异,没有固定的形式,以实验研究为主的技术报告或科学论文,其正文一般应记述以下内容:

实验所用的原材料,及其制备方法、化学成分和物理性能。

实验所用的设备、仪器、装置等。如果是通用设备,只需注明规格型号即可;如果是自制设备,则需要给出实验装置图,并应详细说明测试、计量所用仪器的精度。

说明实验所采用的方法及实验的全过程,指出操作上应该注意的关键之处,自己设计的新方法应该详细介绍,但要突出重点,只写出主要步骤。如果是采用他人的方法,只需说明其方法的名称,并在右上角注出参考文献的序号,易被读者查找。

以上三点详细程度,应以读者能再现实验,并得出与文中相符的结果为准。如果是公开发表的文章,凡涉及专利及保密方面的内容,则均应删除。因为科技文献既有学术上的馈赠性的一面,又有在技术上的专利性的一面。所以,涉及专利和保密的内容,应使用代号或用轮廓图来表示试验装置的关键部位,也可只提供外观的图片等。

试验结果与分析。试验结果包括试验中测得的数据和观察到的现象。试验结果需进行整理和加工,从中选出最能反映事物本质的数据或现象,并制成图、表、或拍成照片。分析时指从理论上对试验取得的结果进行剖析和解释，阐明自己的新发现或新见解。在实验结果与分析中还要说明结果的可信度、再现性、误差、与理论或解析结果的比较、经验公式的建立，指出尚存在的问题以及今后发展的可能性。

试验结果与分析可以结合起来写，内容较多时也可以分开写，自成一节。在理论性或解析性文章中，这部分内容主要是论证。

5. 结尾的写法

结尾时指文章正文之后的结论、结语、结言、总结等。它是整个研究过程的结晶，是全篇文章的精髓，是读者最关心的部分。写结论应注意以下几点：

抓住本质，揭示事物发展的客观规律和内在联系；

重点突出，观点鲜明；

评价恰当，不得超出文章正文所涉及的范畴；

文字凝练、准确，不要复述前面的结果与分析，不要使用“大概”“可能”“大约”“差不多”之类的模棱两可的词，得不出明确的结论时，要指明有待进一步探讨。

结尾一般都很简短。一万字的文章，其结尾通常只有 300～500 字，甚至更少，而且多数是采用条款的形式。

6. 参考文献的作用及书写要求

参考文献是技术报告和科学论文的重要组成部分，一般置于结尾之后。它具有三个作用：

分清成果的归属，哪些成果是自己取得的，哪些是引用他人的，以免造成都是作者的成果的错觉；

为读者提供查找原著的线索；

提供科学依据，使读者确信文章内容。

凡是文中引用他人的文章，论点、图以及数据等，均应在引用处按先后次序标明数码，并在参考文献项目中列出参考文献的出处。引用时如果已写明文献的作者，可用方括号将作者名字右上角的数码括起来。如果未写明文献的作者，可在引用内容的句末的右上角标明数码，并用方括号括起来。

参考文献的来源有一般期刊、会议记录及资料汇编、技术报告、档案资料、学位论文、书、专利。参考文献的书写格式应按有关国家标准要求书写。

第三节　系统调试方案

学习目标：通过本部分的学习，使学员了解系统调试要求，掌握方案写作方法，具有组织简单系统调试的能力。

在工程项目中，使已安装的部件和系统投入运行并进行性能验证，以确认设备、设施、系统是否符合设计要求，是否满足性能标准的过程，并消除在此期间所发现的缺陷的过程称为调试。为规范作业，调试需编制调试方案。调试方案规定的内容应简明扼要，通俗易懂，便于调试人员掌握和实施。并应注意配套性和完整性，与相关计划、文件、标准和规程的内容应协调一致。调试方案的编制必须贯彻确保质量及安全生产的原则，同时考虑经济上的合

理性及现有技术水平和设备条件。其编制依据为:

——适用的国家标准、行业标准和企业标准;

——相关设计文件和图纸(含变更);

——公司规章制度;

——相关工艺技术文件;

——其他参考资料。

调试方案的编制要素可如图 3-1 所示。

××××工程××××联动调试方案(版次:×)

目 次

I

图 3-1 调试方案要素图

具体编制时，根据工程项目的特点结合使用。典型的调试方案以膜压机调试为例：

1. 调试目的

膜压机是轴转化生产线的关键设备，使用前对其稳定性进行调试验证。确保GD134-120/4型并入生产线后能够长期稳定运行。

2. 使用范围

本调试方案仅使用与GD134-120/4型隔膜压缩机。

3. 调试准备

3.1　检查

1. 检查隔膜压缩机安装是否达到要求；

2. 各紧固部位，管路连接是否正确可靠、牢固；

3. 各检测、指示仪表是否齐全、完好；

4. 电源连接是否安全、正确、可靠；

5. 隔膜机旋转方向是否与旋转指示箭头一致；

6. 皮带轮松紧是否合适，皮带罩是否安装可靠；

7. 启发安装是否正确；

8. 膜片破裂报警停机装置等自控系统及防爆操作设备是否完好；

9. 冷却水试验，检查水路系统连接是否正确，水路是否畅通，水流量是否足够，对漏水部位给予排除。

3.2　加油

3.2.1　给机身油池及副油箱加油

拧开机身盖上的加油孔堵，并将润滑油泵过滤器的接头拧下，将大约 200 kg 的长城 4 839 润滑油分几次加入机身内，如发现过滤器的街头开始流油，则副油箱油已加满，迅速拧紧接头。当液面超过机身上液位液温计上线时则停止加油。

3.2.2　左、右缸油腔加油

首先将曲轴手动盘车至活塞远支点。打开 1 号、2 号、5 号截止阀，膜头上部调压阀手柄防止在与阀体轴线垂直位置（调压阀常开），启动双向辅助油泵（按下加油按钮），使其处于加油运转状态。此时润滑油迅速从机身油池进入油腔内，若从调压阀回油视窗中看见有油流出时，说明油腔（油缸）已加满油，迅速停止双向辅助油泵的运转，1 号、2 号、5 号截止阀关闭（调压阀手柄位置可不动）。

3.2.3　补充机身油池中油量

检查机身上液位液温计油位，所示油位低于要求是应加油至液位液温计上限。

3.2.4　压力润滑系统

打开 3 号截止阀，启动双向辅助油泵，开通向轴端润滑油泵加油的通道，运转 3～5 min，检查各油路管道连接处是否有漏油现象，观察油压表是否有压力显示，若有压力显示，则可关闭双向辅助油泵，若无压力显示，应检查相关部件，直至有压力显示为止。

4. 调试

隔膜机的调试要经过空机运转（无负荷试机）、负荷试机和使用试运转三个阶段。

4.1 隔膜机的空机运转与测漏

隔膜机的空机运转和负荷试机以空气为介质的状态下进行。

将下列部件处于允许开机的部位:

1) 两个调压阀手柄转到与阀体轴线垂直位置;

2) 打开3号和5号截止阀;

3) 打开进口阀、放空阀;

4) 用盘车扳手转动大皮带轮按箭头方向旋转1~2圈,确保正常转动;

5) 接通主机电源后,双向辅助油泵先行运转30 s左右,给摩擦副注油,避免启动干摩擦,然后隔膜机运转,双向注油泵停机,此时应关闭3号和5号截止阀,并检查:

a) 隔膜机运转中有无异常响声;

b) 油路系统是否有漏油现象;

c) 补油泵供油是否正常,补油压力(0.15~0.3 MPa)是否正常;

d) 润滑油泵压力指示是否在规定范围之内(0.25~0.4 MPa),并调节螺钉进行油压调节;

e) 及时观察油温,当油温达到35 ℃以上时,打开冷却阀门,通入冷却水;

f) 待空机运转15~30 min后,关闭放空阀,并对膜压机气路系统进行通氮测漏。

4.2 隔膜机的负荷试机

4.2.1 负荷试机准备

空机运转4 h以上,即可进入负荷试机,其程序为:

1) 将调压阀手柄转回工作位置(手柄与调压阀轴线平行);

2) 调整调压阀的调节螺丝使油压表有油压显示,并使其油压为排气压力的1.1~1.2倍,并保持稳定一段时间,若油压表指针不稳定,可打开油压表下的放油手柄,排除油中的空气,此阶段大约需15~20 min;

3) 打开排气阀,同时关闭放空阀;

4) 打开吸气阀,并调整进、排气阀门使吸、排气量能够稳定在工艺所要求的范围内,同时注意油压变化,及时进行调整,逐步升压使气压和油压达到额定状态。在升压过程中应始终保持油压为气压的1.1~1.2倍;

5) 负荷试机应检查下列项目:

a) 检查润滑油泵油压是否在规定值范围和保持稳定;

b) 检查机身上液位液温计的尤为指示是否达到要求;

c) 检查各级压力计温度的分配情况,压力和温度均应符合技术要求;

d) 检查冷却水进出水温度,水温度应符合规定,水流应正常,无断续流动和产生气泡堵塞现象;

e) 检查各处仪表的灵敏度;

f) 检查是否有漏油、漏气、漏水的情况发生;

g) 检查整机(机身、缸体、中体等)发热情况;

h) 检查电机的电流变化和温升情况,其电压变化及温升均应在规定范围内;

i) 检查吸、排气阀工作是否正常。

6) 检查调压阀、补油泵、润滑油泵的工作是否正常;

7) 检查隔膜机运行中的振动情况,不应超过规定值。

负荷试机中若运转正常、稳定,则可投入使用运转。

4.2.2　气体置换

负荷试机合格后,在投入氟气前,用干燥纯净的氮气进行气体的置换,排除气路系统中的空气。

4.2.3　使用试运转

膜压机试运转调试期间需要电解岗位、氟化岗位、液化尾气岗位协同配合,分三个梯度进行:

第一梯度:通氟钝化;

联系电解岗位,电流调至 2 万安,对管道钝化 30 min 左右。同时液化岗位实时注意尾气,及时处理,防止烧塔烧炉。

第二梯度:

待系统管道钝化结束后,通知电解岗位将电流缓慢升到 6 万安,在这一过程中调试人员密切注意膜压机进排气量、油压、油温、水温等相关参数,实时调节,确保各项参数稳定。

同时氟化岗位注意电流变化,及时投料点火,保证液化尾气岗位的安全稳定。

6 万安电流下系统稳定运行 1 h 后,可通知电解岗位将电流升至 10 万安运行,调试人员及时调节进排气阀门。

第三梯度:

10 万安电流下膜压机至少稳定运行 2 h 以上。可将电流直接升至 16 万安运行,现场调试人员在此阶段一定要密切观察膜压机运行参数,及时处理。隔膜机在 16 万安电流下必须进行连续 72 h 使用试运转,并做好工艺要求的相关数据记录。

进行使用试运转时应注意下列要求:

1) 空负荷启动:启动前关闭吸气阀门,通入适量氮气,打开放空阀,排空气路中的压力气体,打开 3 号和 5 号截止阀,调压阀手柄处于常开位置,盘车后启动,油压表不稳定时打开放油手柄,排除油中空气,指导油压稳定;

2) 关闭 3 号和 5 号截止阀,打开排气阀,打开吸气阀门通入氟气,关闭放空阀,然后调整排气阀,使其平稳升压至额定状态运转;

3) 使用试运转中应再次检查前述运转中所需的各项检查,对出现的不正常现象应排除;

5. 停机

按运行计划使用试运转时间结束后,需要进行停机时,按下列步骤:

1) 接到停机信号或指令时,先关闭吸气阀门,切断气源;

2) 切断电源,停止电机转动;

3) 当隔膜机停稳后,关闭排气阀,缓慢打开放空阀卸压,使气压缓慢下降;

4) 隔膜机停止运转 15 min 后关闭冷却水阀门,停止供水。

5) 试运转完成后按照设备维护的四项要求:整齐、清洁、润滑、安全做好其中的各项工作。

第二部分　高级技师技能

第四章　氟化操作高级技师技能

第一节　氟气净化反应器操作

学习目标：通过本部分的学习，使学员掌握六氟化铀生产工艺尾气氟气成分的净化操作，能够分析影响产品质量的原因、并提出处理意见，具有处理较大以上故障的能力，解决生产过程中出现重大问题的能力。

一、氟气净化反应器

1. 塔式氟气净化反应器

目前，国外使用的氟气净化反应器(或氟气回收反应器)主要有塔式反应器和流化床反应器两种形式。对于塔式氟气净化反应器，其结构与火焰炉氟化反应器类似，其直径约为153 mm，高约2.3 m(下部1 m高的扩大段直径为305 mm)，外部设置有冷却、加热装置，器壁的各段温度均控制在 450 ℃以上，以防止结壁。实际运行中，因有大量的铀中间氟化物生成，其结壁现象较为严重。

在塔式氟气净化反应器的下部，通常连接有螺旋输送冷却器。在塔式氟气净化反应器中，其螺旋输送冷却器的内径约为 406 mm，长约 3 m，外壳安装有冷却管，内置螺旋型刮板，以清除熔结在内壁上的中间氟化物。

一般情况下，在塔式氟气净化反应器的作用下，经过 UF_4 的进一步吸收，从塔顶排出的气体中，氟气的含量可降至0.1%以下，从而可使氟化生产系统的氟气总利用率提高到99%以上。但塔式氟气净化反应器的操作稳定性和适应性能较差，且结构复杂，尤其是螺旋冷却器易于腐蚀和磨损，运行周期短，维护和维修的工作量大。

2. 流化床净化反应器

鉴于塔式氟气净化反应器存在诸多缺点，美国帕杜卡气体扩散厂通过进一步的研究，开发出了操作性能更好、氟气净化效果也比较好的流化床净化反应器，该反应器后来被哥尔厂的 UF_6 生产工艺所采用。

流化床氟气净化装反应器的结构如图 4-1 所示。

由于流化床氟气净化反应器的 UF_4 装料量大，故有较大的操作裕度，即使是在氟气浓度波动范围较大时，也能提供足够多的新鲜 UF_4 物料，从而可确保对氟气的有效吸收，且床层的热容量大、传热效果好，易于操作和维护，运行周期长。当床温处于 370～400 ℃时，进气中氟气的浓度为 5%～30%(v/v)时，氟气的平均回收率可达到 95%以上。

在流化床净化反应器的运行过程中，氟气的回收率主要取决于床层温度。如床层温度为 320 ℃时，氟气的回收率仅为 50%～60%；当床层温度升高至 400 ℃时，氟气回收率则可达到 95%～98%。因此，适当提高床层的控制温度，有利于氟气的回收。

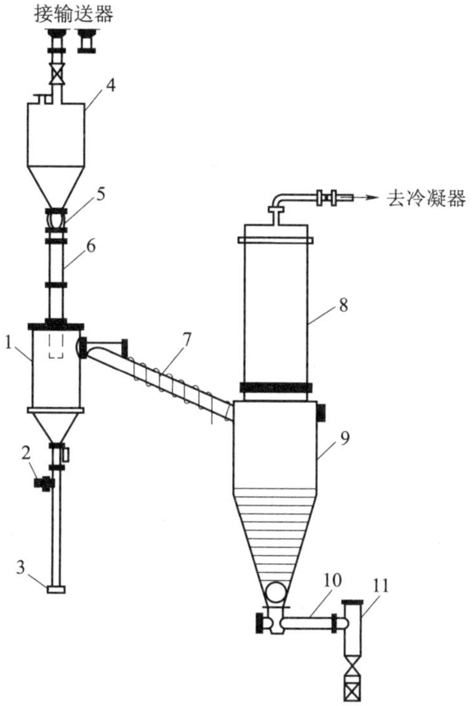

图 4-1　流化床氟气净化反应器示意图

1—流化床反应器(直径 685.8 mm，高 1.35 m)；2—气体进口；3—排料口；4—UF_4 料斗；5—螺旋给料器；6—下料导管；7—溢流排料管；8—蒙乃尔烧结金属过滤器；9—灰渣贮罐；10—排灰渣螺旋；11—滑阀

从流化床净化反应器排出的气体，经冷凝器捕集 UF_6 后，不凝性气体中尚残留有 3%～7%的氟气，UF_6 的含量约为 300～1 000 μg/L。为最大限度的提高氟气利用率，减少铀的损失，应在第二级流化床净化反应器中进一步吸收氟气和 UF_6。一般情况下，从二级流化床净化反应器排出的工艺尾气，经过简单的处理后可直接达标排放。

第二节　铀转化研究发展方向

学习目标：通过本部分的学习，使学员了解六氟化铀生产的发展技术，具有研究创新型工艺流程的水平。

一、电解制氟设备

对于高、中温电解制氟而言，电解槽的温度通常采取槽体夹套或套管形式，通过风冷却或水冷却方式进行控制。随着机械加工技术的发展,有人曾提出采用空心炭板方式以对电解液进行强制循环,以增加炭板与电解质之间的有效接触面积。基于此,开发出了如图 4-2 所示的电解液循环式的制氟电解槽。

如图 4-2 所示,运行中的电解液被一台耐酸泵从电解槽底部抽出,经耐酸过滤器送入耐酸热交换器中。在热交换器内,电解液与温度控制适宜的水进行热交换,经降温的电解液反流到电解槽内的每块空心炭板的沟槽内,再从每块炭板最高处溢流到炭板外表面,使整块炭板外表面几乎处于润湿状态,然后回到电解槽内。

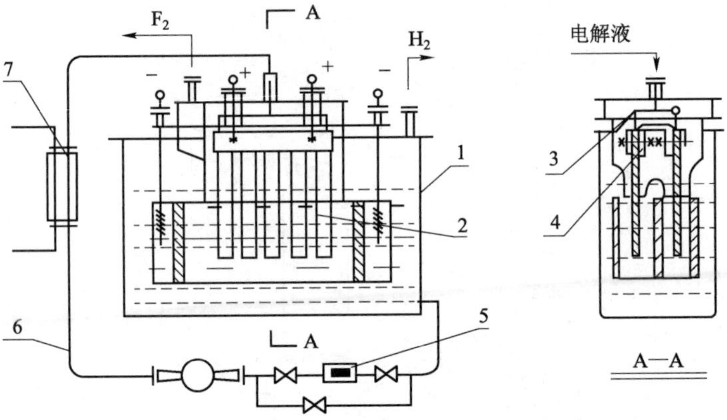

图 4-2 电解液循环式电解槽

1—电解槽;2—阳极炭板;3—电解液分配器;4—阳极铜吊架;5—耐酸过滤器;6—耐酸泵;7—耐酸热交换器

该种形式的电解槽,其关键是空心炭板的制作。空心炭板一般为整体型,也可通过特殊工艺制成后拼装而成,但空心炭板的制作必须如设计尺寸一致,且需具备一定的强度。空心炭板安装与外形尺寸和结构、阳极组装分别如图 4-3、图 4-4 所示。

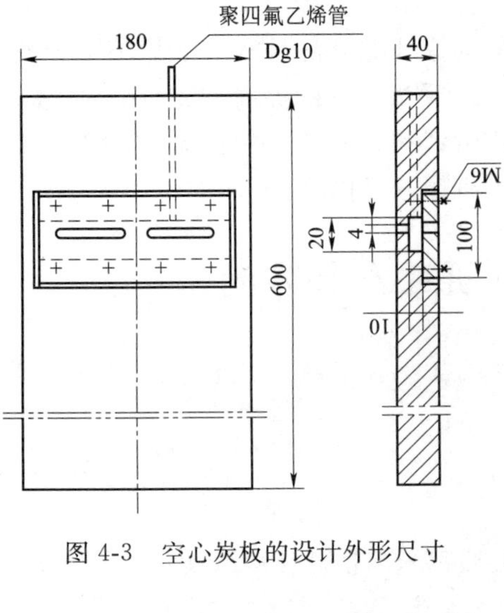

图 4-3 空心炭板的设计外形尺寸

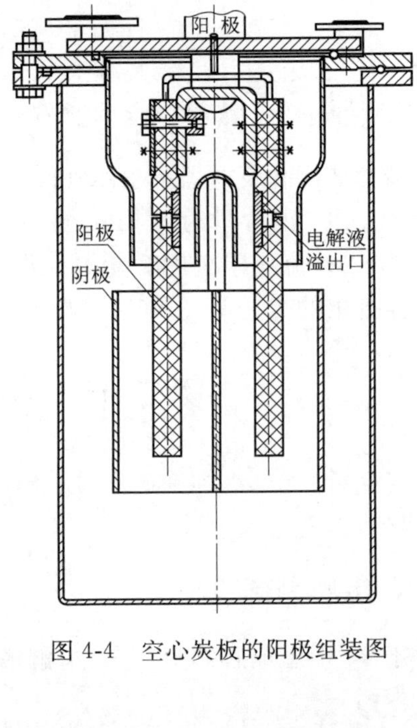

图 4-4 空心炭板的阳极组装图

二、氟化反应器

目前，国际铀转化市场的竞争日趋激烈，这种竞争主要体现在铀转化产品的加工价格。铀转化产品的加工价格与生产规模、工艺技术、原材料消耗、动力消耗、自动化水平、劳动生产率等直接相关。但天然六氟化铀生产规模(产量)则完全取决于同位素分离的需求。分离功的增加有较长的时间周期，加之化工生产能力有较大的弹性，所以一个天然六氟化铀生产厂建成后，可在较长时间内满足分离功的需求，不需要在短时间内重复建厂。因而生产技术的发展主要是开发新的工艺流程，改进现有的铀转化生产技术，力求增加产量，降低成本，使产品具有市场竞争能力。该技术发展趋势的要点为：

(1) 采用短而经济性好的工艺流程，探寻新的更符合资源利用和清洁生产要求的转化技术；

(2) 改进现有的工艺技术，尽量节能降耗，提高产品质量和产率，降低生产成本；

(3) 设计开发产能大、效率高、结构简单、制造容易和操作方便的工艺设备；

(4) 提高生产系统的自动化控制水平。

目前，我国铀转化生产水平相对较低——即设备连续稳定运行时间短、检修频繁，单台设备生产能力小，原材料消耗指标高，三废产生量大，自动化水平低，操作人员多，导致天然六氟化铀产品的加工成本高，市场竞争能力不强，存在较大的生存压力。因此，有必要在我国现有铀纯化转化生产工艺技术基础上进行改进放大和优化技术研究。研究开发设计产能大、连续稳定运行时间长的设备，同时优化工艺技术，降低物料的消耗指标，减少三废的产生量，提高自动化控制水平，显著提高劳动生产效率，降低生产运行成本，提升核心竞争力，逐步成为亚洲核燃料加工中心。

新设施的设计要求和设计原则：

(1) 新建铀纯化转化生产线要体现技术进步，做到技术上先进、可靠、适用。

(2) 单条生产线的生产能力按 3 000 tU/a 考虑，对于脱硝、水合还原工序设置一条备用生产线。年生产天数按连续生产 300 天计算。

(3) 新建厂房分区布置，电解制氟厂房群布置在现有的电解区，主工艺厂房群以及与其配套的辅助设施布置在已建 3 000 tU/a 铀转化厂区的西侧，原料库、产品库跨越铁路布置，储存硝酸、液氨等的罐区靠近铁路布置，以实现物料的转运。

(4) 中间产品(UO_2、UF_4)固体物料的输送采用气流输送的方式。

(5) 本着经济、实用、先进和可靠以及自动控制水平与当前的发展水平相一致的原则，采用集中和分散控制相结合，以集中控制为主，体现现代化的控制水平。自控仪表在实用、可靠的基础上尽量先进，设中央控制室，可实现远操。对主要生产工序，现场设置过程站等。对于辅助流程，信号直接传至控制室，原则上现场不设置值班控制室，可实现无人值守。

(6) 厂房内布置要满足操作和检修的要求，人流、物流、气流安排合理，空间利用恰当，符合安全要求。

(7) 建筑和总图设计在满足生产和有关规范要求的前提下，应力求美观，有新创意。

(8) 本项目实物保护风险等级和防护级别按《核材料和核设施实物保护》EJ/T1054—2007 的要求进行划分。

(9) 根据《铀转化设施设计准则》，冷凝液化的主设备——一级冷凝器和液体 UF_6 管道系统确定为安全一级,放置安全一级设备和系统的建筑物确定为一级建筑物,冷凝液化厂房的抗震设防类别按特殊设防类(甲类)进行设计。

第三节 异常工况处理

学习目标:通过本部分的学习,使学员了解六氟化铀生产设施在运行期间的预期运行事件及其应对措施。

一、事故分类与验收准则

1. 事故分类

事件:由于误操作、部件或系统故障导致放射性物质(或危险化学品)泄漏如设备的冒槽、管道密封件的渗漏,泄漏量超过工艺系统正常排出的量,但均可通过一般措施收集、处理,不造成人员安全及环境安全的伤害。

事故(设计基准事故):物料泄漏造成厂房内严重污染、对工作人员的生命安全及健康造成危害、向厂房外环境释放少量放射性物质、需要实施厂房应急。

超基准事故(严重事故):可能导致大量辐射和/或放射性物质以及有关的化学危险物质的释放。对工作人员的生命及健康造成严重危害;可能对厂房外环境释放一定的放射性物质,需实施厂区应急。

2. 事故验收准则

① 对于事件:放射性非挥发性液体物料的容器未出现严重破损,泄漏量不超过 1/3,收集散落物料后,损耗物料不超过原装料量 5%的事件;泄漏未对工作人员造成严重伤害。

② 对于事故(基准事故):放射性物料严重泄漏,对周围环境造成一定影响;

③ 对于严重事故(超基准事故):液体 UF_6 管道、设备出现严重破坏,泄漏的液体 UF_6 闪蒸成气体 UF_6 并大量向厂房外散发,对厂房周围的环境造成严重污染。

二、氟气泄漏事故

氟气是最活泼的非金属元素,几乎可以和所有元素化合,能将水分解生成臭氧和氟化氢;氟气的腐蚀性极强,有剧毒;氟气是助燃气体,遇有机物燃烧,与氢混合可产生爆炸,它可使一些非金属自燃并放出大量的热。在这里主要描述氟气泄漏以及泄漏后可能引起的火灾事故。

(1) 事故的原因(或部位)

事故的部位:与氟气接触的设备、管道系统。

事故原因如下:

① 由于工艺设备、管道和阀门密封失效等引起氟气泄漏。

② 由于材料缺陷、加工不良、运输及安装不当等造成设备及管道在运行过程中出现破口或裂缝。

(2) 事故的探测

① 由氟气浓度检测报警装置探测。

② 现场巡检和生产操作人员在其浓度还没有达到报警浓度时,巡检人员已能明显的

嗅到。

③ 若发生火灾通过感烟、感温火灾探测仪可及时报警。

(3) 事故的情景或后果

发现氟气泄漏后,应迅速排查泄漏点。当氟气浓度达到 1 mg/m^3 时将自动联锁启动事故排风系统,必要时根据情况决定是否需停车检修。

如果氟气的泄漏已经导致火灾发生,则厂房设置的火灾自动报警及消防联动系统就会启动,厂区的消防控制室就会发挥作用。火灾发生后操作人员采取的行动如下:

① 当氟气着火时,应迅速关闭氟气出口阀,并立即通知电解厂房切断电解槽电源,使其在不产生氟气的情况下自行熄灭或用 N_2 吹灭。

② 火灾一旦形成,立即用手动报警按钮、应急广播扬声器或消防电话通知消防控制室和有关部门。

③ 立即按动消火栓启动泵按钮进行灭火。

影响与后果:本工序每条生产线的最大氟气供给量约为 47 Nm^3/h。按全部泄漏,响应控制时间 5 min 估算,则理论上泄漏到车间的最大氟气量为 4 Nm^3。该部分气体将通过排风系统进入排风净化中心,然后通过 60 m 高的烟囱排放。

实际上不可能所有供给的氟气全部泄漏到厂房内,在泄漏的早期,当厂房内氟气浓度达到 1 mg/m^3 时,现场人员已能明显地感到氟气发生了泄漏。按照《工作场所有害因素职业接触限值》(GBZ 2—2002)的要求,当厂房内氟气浓度达到 5 mg/m^3 时,已不允许操作人员长时间在现场停留。按照该厂房通风换气量 70 000 m^3/h 计算,实际可能泄漏的氟气量为:$70\,000 \times 5 \times 10^{-6} = 0.35$ kg。

(4) 预防及纠正措施

① 严格执行操作和检查程序,减少人为失误导致泄漏事件的发生。

② 加强设备、管道的检修和日常巡检,及时消除隐患,及时发现泄漏事件。

③ 定期检查探测仪表、联锁装置的灵敏性和可靠性。

④ 定期用淀粉-KI 试纸检查氟气系统密封情况。

⑤ 定期检查消防设施及火灾报警装置的完好性。

三、气体 UF_6 泄漏事故

该系统中发生的事故主要是气态 UF_6 泄漏事故,发生此类事故可能是出现在立式氟化反应器的炉体上和炉气送往冷凝液化的管道系统上。由于 UF_6 泄漏后会与空气中的水发生水解反应生成 HF,因此 UF_6 泄漏不仅会造成辐射危害,还会产生化学危害。

(1) 事故的原因(或部位)

事故的部位:立式氟化反应器的炉体和 UF_6 气体管道系统。

事故原因:

① 由于工艺设备、管道和阀门密封失效等引起 UF_6 泄漏。

② 由于材料缺陷、加工不良、运输及安装不当等造成设备及管道在运行过程中出现破口或裂缝。

③ 由于长期运行,疏于检测出现了炉体烧穿现象。

④ 操作失误对 UF_6 管道系统造成损坏。

(2) 事故的探测

① 由于泄漏的 UF_6 与空气中的水蒸气发生反应会生成 UO_2F_2,这时会有明显的白色烟雾生成,故巡检人员和现场操作人员可以明显的观察到泄漏位置和泄漏的严重程度;

② 由于氟化反应产生的炉气中含有 5%~8%的氟气,故可由设置的氟气浓度在线报警装置探测。

(3) 事故的情景

UF_6 泄漏事故发生后,泄漏处附近会有明显的白色烟雾生成,当氟气浓度达到 1 mg/m^3 时将发出报警信号,并自动联锁启动事故排风系统。事故发生后操作人员采取的行动如下:

① 当管道和阀门密封失效发生少量 UF_6 泄漏时,操作人员应迅速穿戴防护用品,对泄漏处进行紧固法兰或更换阀门填料等操作,此类事故一般可在 10 min 内处理完毕,不会造成系统停车。

② 当管道破裂或炉体烧穿时,泄漏的气体 UF_6 较多,而且也无法抢修,必须立即停止 UF_4 和氟气的进料,关闭全面排风系统。同时打开事故排风系统,待立式氟化反应内的气体被氮气完全置换后,切断与其他生产系统的所有阀门进行维修。

(4) 影响与后果

本工序每条生产线的生产能力为 417 kgU/h。以氟化反应器炉体烧穿的较大事故考虑,假设烧穿孔洞为直径 20 mm,反应器内的压力最高为 20 kPa,该状况可看做孔口淹没流模型,气体流出流量为:

$$Q=\mu A(2\times\Delta p/\rho)^{0.5}$$

其中 μ 为系数取 0.61;A 为孔洞的面积;Δp 为反应器与大气的压差 20 kPa;ρ 为气体密度估算取 4 kg/m^3。

$$则\ Q=0.61\times(\pi\times0.02\times0.02\div4)\times(2\times20\,000/4)^{0.5}$$

$$Q=0.019\ \mathrm{m^3/s}$$

以事故响应处理时间 5 min(停止供料和氮气置换时间)估算,泄漏的气体量为:0.019×60×5=5.7 m^3,UF_6 气体在该气体中的浓度约为 95%(质量比),则泄漏出物料折算为 14.6 kgU。由于 UF_6 气体会与空气中的水蒸气迅速反应生成 UO_2F_2 及 HF,转化沉降率按 80%,则通过排风系统排放到大气的量为 2.92 kgU。

另外,由于气体 UF_6 与空气中的水发生反应生成 UO_2F_2 的同时也生成了 HF 气体,而 HF 是一种刺激味极浓的气体,人体大量吸入后会造成严重损害,甚至危及生命。所以,气体 UF_6 泄漏不仅会对生产操作人员造成辐射和化学危害,大量泄漏还会对环境和公众造成长期影响。

(5) 预防及纠正措施

a) 严格执行操作和检查程序,减少人为失误导致泄漏事件的发生。

b) 加强设备、管道的检修和日常巡检,及时消除隐患,及时发现泄漏事件。

c) 定期检查探测仪表、联锁装置的灵敏性和可靠性。

d) 定期用淀粉-KI 试纸检查系统的泄漏情况。

e) 起重机操作严格按照规程进行操作,严格执行持证上岗制度,并定期检验。

f) 炉体材料选用蒙乃尔,以提高其在较高温度下的抗腐蚀性能,同时加强在设备制造过程中的监督。

除一些设备故障之外，还可能出现放射性物质污染部分厂区或放射性物质泄漏等事件。处理时，应避免交叉污染（见表4-1）。

表4-1　氟化工序预计运行事故

序号	可能发生的事故	产生的部位、原因	探测	产生的后果	预防及纠正措施
1	氟气泄漏事故	（1）部位：与氟气接触的设备、管道系统。 （2）原因： a. 设备、管道和阀门密封失效 b. 由于材料缺陷、加工不良、运输及安装不当等造成设备及管道出现破口或裂缝	（1）设氟气浓度在线报警装置； （2）设感烟、感温火灾探测仪； （3）巡检及操作人员的嗅觉也可感觉到	（1）对操作人员的健康产生危害； （2）可能引起局部火灾。但不会对周围环境造成影响	（1）严格执行操作和检查程序。 （2）加强设备、管道的检修和日常巡检，及时消除隐患。 （3）定期检查探测仪表、联锁装置的灵敏性和可靠性。 （4）定期用淀粉-KI试纸检查氟气系统密封情况。 （5）定期检查消防设施及火灾报警装置的完好性
2	气体 UF_6 泄漏事故	（1）部位：立式氟化反应器的炉体气体 UF_6 管道系统。 （2）原因： a. 设备、管道和阀门密封失效。 b. 由于材料缺陷、加工不良、运输及安装不当等造成设备及管道出现破口或裂缝。 c. 由于长期运行，疏于检测，或由于温度控制联锁等措施失效后、造成炉体局部温度过高，超过了炉体材料的耐温极限，出现了炉体烧穿现象。 d. 由于操作失误对 UF_6 管道系统造成损坏	（1）设氟气浓度在线报警装置； （2）通过巡检及操作人员观察发现	（1）对生产操作人员造成辐射和化学危害； （2）不会对环境和公众造成影响	（1）严格执行操作和检查程序。 （2）加强设备、管道的检修和日常巡检，及时消除隐患。 （3）定期检查探测仪表、联锁装置的灵敏性和可靠性。 （4）定期用淀粉-KI试纸检查系统泄漏情况。 （5）起重机操作严格按照规程进行操作，严格执行持证上岗制度，并定期检验。 （6）炉体材料选用蒙乃尔，在较高的温度下能有较好的抗腐蚀性能

第五章　六氟化铀转移操作高级技师技能

第一节　六氟化铀冷凝器赶氟操作

学习目标：通过本部分的学习，使学员了解去除六氟化铀杂质的方法，具有检查判断重大事故隐患、提出处理意见的能力，具有排除生产系统、取样系统的疑难故障及重大问题的能力。

一、六氟化铀的性质

（略）

二、工艺描述

来自氟化工序的工艺气体（含有 F_2、HF、N_2、O_2 等的 UF_6 气体）进入一级冷凝器，冷冻介质为温度（−10～5）℃乙二醇水溶液。冷凝分离出大部分 UF_6 后，进入二级冷凝器再次冷凝，冷冻介质为温度（−25±2）℃乙二醇水溶液。从二级冷凝器出来的工艺尾气返回氟化部分的氟气回收系统，在氟气回收系统内对氟化尾气中的剩余氟气进行回收，反应完成后的剩余氟化尾气经过三级冷凝器的（−35±2）℃冷冻盐水冷凝处理，然后经 HF 回收冷凝器，通过（−80±2）℃的深冷捕集其中的 HF，剩余的不凝性气体去尾气处理系统处理排放。

一级冷凝器中 UF_6 冷凝量填装到额定值（38 t）后，停止接收，通 65 ℃的乙二醇溶液加热，经释压净化后，再用 95～100 ℃的乙二醇溶液加热使 UF_6 液化，恒温使液体 UF_6 均匀化，然后经取样、分析合格后，转移装入 3 m^3 产品容器中，待产品容器中的 UF_6 凝固后，入库储存。

当二级冷凝器内的 UF_6 装料到一定量后，自然解冻 6 h，再通 95～100 ℃的热乙二醇溶液使 UF_6 加热气化，转移至一级冷凝器内。

当三级冷凝器内的 UF_6 装料到一定量后，自然解冻 12 h，再通入蒸汽使 UF_6 加热气化，转移至一级冷凝器内。

通过深冷回收的 HF 流入 HF 储罐，然后通过压空将液体 HF 压送到氢氟化部分的 HF 蒸发罐。

从 HF 回收冷凝器出来的氟化尾气进入炭反应器，使其中少量的 F_2、微量 UF_6 与木炭反应后，然后进入淋洗塔被 5%碳酸钠溶液吸收尾气中残存的极少量的 UF_6、F_2、HF。淋洗液循环使用，当 $[F^-]$ 达到 15 g/L 或 pH 接近 7 时，淋洗液送铀转化一期的废液处理厂房进行铀的回收。淋洗后的尾气由离心通风机排入排风管中，去排风净化中心进一步处理。

三、吹氮赶氟

吹氮赶氟操作是指六氟化铀一级冷凝器中接收的六氟化铀在升温液化前，为保证产品合格的氮气吹扫操作。具体操作时，需根据容器的运行状态，向系统中引入适量的氮气，将容器中的氟气吹扫至工艺尾气中。该操作关键是吹扫时的氮气流量，容器温度应控制在合理的范围内。时间越短越好，以减少不必要的六氟化铀损失。

第二节　六氟化铀的纯化

学习目标：通过本部分的学习，使学员了解六氟化铀纯化操作工艺特点，具有处理不合格六氟化铀产品的能力。

一、六氟化铀质量标准

用于铀同位素分离厂供料的UF_6，其杂质含量有严格的要求。表5-1给出了美国原子能委员会规定的UF_6产品质量标准。英、法等国也采用了该标准对UF_6的产品质量进行控制。该表同时也列出了美国联合化学公司、英国斯普林费尔德厂典型的UF_6产品质量分析数据。

表5-1　美国UF_6产品规格（依据ANSI/ASTMC787—76）

检验项目	美国标准	美联合化学公司 UF_6产品分析	英斯普林费尔德厂 UF_6产品分析
1. 93 ℃满瓶时最大蒸气压/MPa(绝压)	0.515	0.471	5
2. UF_6的最低含量/%(wt)	99.5	99.98	99.9
3. 碳氢化合物、氯碳化合物，部分取代的卤化烃化合物的最大含量/%(mol)	0.01	无	<0.005
4. 下列元素含量的限值/(μg/gU)			
锑	1	<0.7	<0.5
镍	5	<5	<5
氯	100	<5	<25
铌	1	<0.1	<0.7
磷	50	<12	<10
钌	1	<0.7	<0.4
硅	100	<8	<20
钽	1	<0.7	<1
钛	1	<0.3	<0.4
5. 形成非挥发物元素总量(指 300 ℃时蒸汽压≤101.3 kPa，这些元素有：铝、钡、铋、镉、铬、铜、铁、铅、锂、镁、锰、镍、钾、银、钠、锶、钍、锡、锌、锆)/(μg/gU)	<300	<106	<110
6. 形成挥发性氟化物杂质最大含量/[μg/g(铀-235 基，括号内为铀基)]			
铬(溶于六氟化铀中的)	1 500(10.7)	<1 200	<300

续表

检验项目	美国标准	美联合化学公司 UF_6 产品分析	英斯普林费尔德厂 UF_6 产品分析
钨	200(1.4)	<104	<40
钒	200(1.4)	<21	<100
钼	200(1.4)	<21	<60
铀—233	500(3.6)	<500	<500
铀—232	0.11(0.000 8)	<0.110	<0.01
7. 全部杂质元素的热中子吸收截面，以 *B* 当量表示的最大含量/μg/gU	8	<1.2	<2

二、氟化氢的去除方法

实际生产中，当 UF_6 产品中氟化氢含量过高时，可采取下列技术措施对 UF_6 进行纯化，以除去氟化氢：

1. 物理净化法

在液态氟化氢中，UF_6 的溶解度随温度变化而变化，且氟化氢的沸点和 UF_6 的升华点之间有较大的差值，故可采取物理净化法以除去的 UF_6 中的氟化氢。氟化氢的物理净化法主要可分为如下两种：

1.1 低温冷冻分离法

在较低温度(40～50 ℃)下，氟化氢的饱和蒸汽压比 UF_6 蒸汽压要大许多，如将含氟化氢的 UF_6 在一定温度下进行释压，大部分氟化氢可通过挥发而除去，从而使 UF_6 得到一定程度得纯化。当然，与此同时也有一部分 UF_6 以气态形式一起进入到释放的气体流中，这是该法的一个缺点。但此法操作简单，挥发掉的 UF_6 还可再被捕集下来，UF_6 的实际损失量并不大，故在生产实践中，当 UF_6 产品中氟化氢含量较高时，常使用该方法对 UF_6 进行释压处理，以达到 UF_6 纯化之目的。

1.2 蒸馏分离法

利用氟化氢沸点与 UF_6 升华点的不同，且两者之间存在较大的差异，可通过蒸馏分离法以除去 UF_6 产品中的氟化氢。

在−80～−60 ℃条件下，有关人员曾在实验室中开展过真空蒸馏纯化 UF_6 的技术研究，得到了氟化氢含量仅为万分之几的 UF_6 产品。但由于氟化氢和 UF_6 形成恒沸混合物(两组份的相对组成由系统压力所决定)，从而引起了相当大的铀损失。故此法仅在实验室中进行过研究，未能在实际生产中得到推广和应用。

德国 URANIT 公司在其一项专利技术中提出，用全氟有机氮化物与氟化氢作用，可生成一种比 UF_6 挥发度更小的氟盐，而后用简单的蒸馏或升华方法可将 UF_6 与其实现分离。优良的全氟有机氮化物是全氟胺、二胺和杂环胺等。氮化物与 UF_6、氟化氢混合物可发生如下反应：

$$HF + (UF_6) + N - (C_4F_9)_3 \rightarrow [HN - (C_4F_9)_3]F + (UF_6)$$

三全氟丁基氟化胺比 UF_6 的挥发度小，因此，从这个加合物中，用简单的蒸馏或升华的方式，UF_6 可轻易且完全的分离出来。形成的加合物可在 NaOH 溶液进行再生。

2. 化学净化法

氟化氢可与 NaF、KF 等生成复盐(NaF · HF，KF · HF)，这一性质可以用来除去 UF_6 中的氟化氢。但在该方法的使用过程中，除氟化氢被 NaF 或 KF 吸附外，同时还能生成 xKF · yHF · $z$$UF_6$ 或 xNaF · yHF · $z$$UF_6$ 这类复盐，使 UF_6 有一定的消耗，损耗量与 UF_6 中氟化氢的含量成正比。因此，当 UF_6 中氟化氢的含量较高时，此法不宜使用，工业生产上也没有使用该方法对 UF_6 产品进行纯化处理。

三、挥发性金属氟化物的去除方法

如前所述，在实际生产过程中，虽然氟化过程对许多能生成非挥发性氟化物杂质的元素具有一定程度的净化作用，但通过氟化过程得到的 UF_6，仍然会含有一定数量的有害杂质，其中，应重点关注的是铬、钼、钨、钒、钛等杂质元素的含量，氟化氢对 UF_6 的产品质量也有重大影响。由于钼、钨、钒等杂质元素的高价氟化物，其沸点与 UF_6 比较接近(表 5-2)，故在冷凝捕集过程中往往会随同 UF_6 一起被凝华收集下来。如果这些杂质元素进入到铀同位素分离过程中，则这些重金属杂质的积累将导致 ^{235}U 浓缩物中杂质含量的增大。而氟化氢进入到分离系统后，会加速有关设备、管道、阀门的腐蚀。因此，对于含有上述杂质的 UF_6，往往须采取相应的技术措施进行必要纯化处理。

表 5-2　某些挥发性氟化物的熔点和沸点

氟化物	熔点/℃	沸点/℃
UF_6	64.02[1)]	56.4[2)]
VOF_3	300	110[2)]
VF_5	19.0	48.5
MoF_6	17.5	35
$MoOF_4$	98	180
WF_6	2	17
SbF_5	7.0	149.5
TiF_4	—	284
CrF_4	—	300[2)]

注：1) 三相点温度；2) 升华点温度。

在精制 UF_4 氟化法制备 UF_6 时，由于 UF_4 原料已经过纯化处理，且对于某些特定的杂质，预留有一定的安全裕度，而氟化、UF_6 捕集、UF_6 的液化及其转移操作等过程又对某些杂质元素有较高的净化作用，所以，产品中挥发性金属氟化物的杂质含量一般较低，UF_6 不需进行专门的纯化处理即能满足扩散级产品纯度的要求。但以未经纯化的铀化学浓缩物为起始原料，通过氟化物挥发法制备 UF_6 时，因 UF_4 物料未经过专门的纯化处理，其杂质含量通常较高，因此，在氟化过程中，可形成易挥发性金属氟化物(主要是 Mo、V、W 的氟化物)的杂质元素，通常会进入到 UF_6 产品中。为达到扩散级产品质量的要求，这些杂质必须从 UF_6 中除去。由于这些金属氟化物易溶于液态的UF_6中,而它们的挥发度与UF_6有一定的差异,故可采用分馏法来除去 Mo、V、W 等氟化物杂质。表 5-3 列出了这些金属氟化物在液态 UF_6 中的溶解度。图 5-1 是它们在不同温度下的饱和蒸汽压图。

表 5-3　某些金属氟化物在液态六氟化铀中的溶解度(t=70 ℃)

金属氟化物	VOF_3	VF_5	MoF_6	WF_6	UO_2F_2
溶解度/[%(wt)]	0.7	>10	>22.5	>30	<0.1

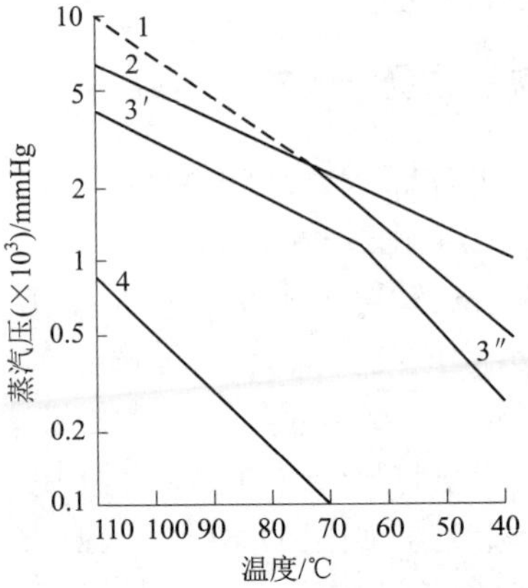

图 5-1　某些金属氟化物在不同温度下饱和蒸汽压

1—液态 VF_5;2—液态 MoF_6;3′—液态 UF_6;3″—固态 UF_6;4—VOF_3

UF_6 的分馏法纯化,主要是基于液态 UF_6 和混入其中的易挥发性氟化物之间的饱和蒸汽压不同且存在一定的差异,经多次蒸发浓缩后实现 UF_6 与这些氟化物之间的分离。在大气压下,由于 UF_6 可不经熔化而直接升华,故在精馏纯化操作时,系统的压力须控制在 UF_6 三相点压力以上,通常采用的压力在 202.7～405.3 kPa。

由图 5-3 可知,在UF_6精馏纯化的过程中,VF_5和 MoF_6将富集于气相产品中,VOF_3则应该富集在液相产品中。但从表 5-4 所给出的这些化合物与UF_6二元体系的气—液平衡浓度试验数据看,它们都富集在气相中,对于VOF_3的这种异常行为,目前尚无满意的解释。在分馏柱的顶部气相中,如 VOF_3量大于操作温度下 UF_6冷凝液中的溶解度,就可能以沉淀的形式析出,从而妨碍操作。如发生该现象,须用过滤法或蒸发法定期消除。

表 5-4　UF_6二元体系中杂质氟化物的平衡浓度(t=75 ℃)

二元体系	杂质氟化物的平衡浓度/[%(wt)]		气相中的富集因数 1)
	气相	液相	
UF_6—MoF_6	0.098 3±0.002 2	0.058 5±0.001 5	1.7 2)
UF_6—VOF_3	0.012 2±0.001 1	0.003 7±0.000 5	3.3
UF_6—VF_5	0.057 0±0.001 7	0.018 0±0.000 8	3.2

注:1) 气相与液相平衡浓度之比;

2) 按蒸汽压方程 lgPmm=7.409—1 394.9$T(k)$ 计算的拉乌尔定律值为 1.6。

在实验室和中间工厂中，米尔斯(W.H.Mears) 等人曾用配制的氟化物混合物和真实的物料进行过 UF_6 分馏纯化的实验研究，其研究结果表明：分馏法具有很高的纯化效率，其有关研究结果如表 5-5 所示。

表 5-5　MoF_6-UF_6 混合物的分馏

运行阶段	馏分重量/kg	所析出的物流	杂质含量/[%(wt)]	
			Mo	V
纯 UF_6 的初装量	47.4	蒸馏釜液体	0.046 0	0.003 1
全回流(24 h 后)		柱顶馏出蒸汽 柱底蒸汽	0.750 0 0.026 0	0.013 6 0.004 1
初馏分 I (回流比 30:10)	2.3	馏出蒸汽	0.014 4	0.000 7
初馏分 II (柱藏量)	3.7	馏出液	0.037 7	0.004 5
全回流(24 h 后)		柱顶馏出蒸汽	0.024 4	0.004 2
产品馏分(回流比 10:1)	27.2	馏出液	0.000 14	0.000 1
蒸馏余液	1.9	蒸馏釜液体	0.000 7	0.001 0

上述试验是在一个蒸馏塔为主体的精馏纯化系统中进行的，其流程示意如图 5-2 所示。

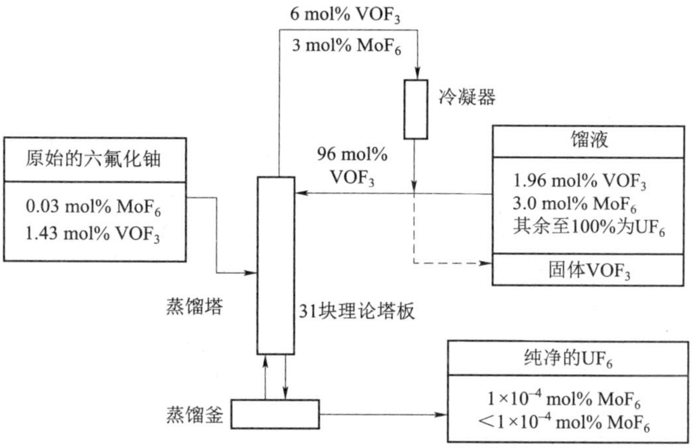

图 5-2　氟化物分馏柱的流程示意图
(组分的相对物流量以 mol 表示)

在图 5-2 中，当提馏段物流量中的蒸汽对产品的摩尔比等于 3，且钼、钒含量均为 1×10^{-6} (摩尔分数)时，假定柱顶 MoF_6 浓度为 0.03(摩尔分数)，基于 MoF_6 分离，计算出来的理论塔板数为：提馏段 21 块，精馏段 10 块。

在上述试验过程中，用人工配制的氟化物混合物为原料进行实验时，所用精馏塔的直径为 50 mm，填料层(镍制)的高度为 4.8 m，系统压力约为 3.5 atm(1 atm=101.325 kPa)，系统操作温度为 90 ℃，UF_6 的蒸发速率为 15.75 kg/h。分馏后 UF_6 馏分中的钼和钒分别由进料时的 0.046 0%(wt) 和 0.003 1%降至 1.4×10^{-4}%和 7×10^{-4}%。

在用氟化物挥发法制备的 UF_6 为原料进行分馏试验时，分馏操作也是在直径为 50 mm

的填料塔中进行的,填料(压延孔环)层高度为 2.4 m,钼和钒的原始含量分别为 $2.7\times10^{-3}\%$及 $1.8\times10^{-3}\%$(wt)。在蒸发速率约为 25 662.6 kg/(h·m^2)、回流比为 90:1 的条件下,净化后的产品中钼和钒这两种杂质的含量均降至 $2\times10^{-4}\%$(wt) 。

实际应用中,UF_6 的精馏纯化通常是在两个连续的分馏柱中进行的,如美国麦楚波利斯厂在采用氟化物挥发法制备 UF_6 时,其分馏纯化工艺就采用的是两个连续分馏柱的工艺流程,其流程如图 5-3 所示。

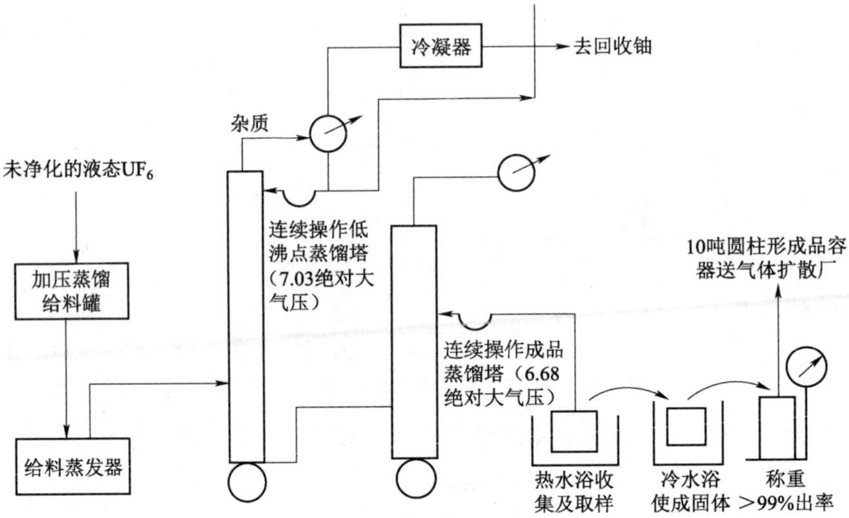

图 5-3 六氟化铀精馏流程图

如图 5-3 所示,该流程是以分离 MoF_6 为基础设计的,同时也保证了 UF_6 与大部分 VOF_3 的分离。

第一个精馏柱的主要作用是除去沸点比 UF_6 低的杂质氟化物,柱径为 0.61 m,柱高约为 28.8 m,内装 100 块泡罩塔板,操作温度约为 95 ℃。由第一个精馏柱出来的轻馏分,送往废料回收系统以回收铀;重馏分则送进具有 50 块塔板的第二个精馏柱中。

从第二个精馏柱中出来的轻馏分,为纯化后的 UF_6,送往冷凝液化捕集器及深度冷冻冷凝器中以收集 UF_6。重馏分中富集了挥发度比 UF_6 低的杂质,也送往废料回收系统回收铀。由于 VOF_3 在 UF_6 中的溶解度很小,当 VOF_3 含量较高时,易析出 VOF_3 固体。为避免析出的 VOF_3 固体造成设备堵塞,精馏柱通常为筛板塔结构。VOF_3 可以用下述方法进行分离:将含有 VOF_3 的气相 UF_6 与温度低于 UF_6 液压点的冷表面(10~15 ℃)接触,使 VOF_3 冷却为固体而大量沉积于冷表面上。此法可以连续操作,分离后的 UF_6 可以满足同位素分离或还原制取金属铀的产品质量要求。例如,在一次试验中,原始 UF_6 中含有低沸点的挥发性杂质为 0.8%,VOF_3 为 0.1%,其他高沸点的挥发性杂质为 0.3%时,采用上述方法净化后,产品 UF_6 中的各种杂质含量均低于 $1\times10^{-4}\%$。

有关的工业应用实践已表明,分馏法纯化 UF_6 是一项高效而可靠的技术。国外许多铀转化厂和研究机构就此开展过大量的技术研究工作,使该技术得到了极大地完善。如法国的皮埃尔拉特厂在其发明的一项专利技术中声称,利用 ClF_3 能与 MoF_6、WF_6 形成恒沸混合物的特性(图 5-4、图 5-5),研制、建立了如图 5-6 所示的分馏系统,极大地提高了 UF_6 与这两种杂质的分离效率，仅需少数几块理论板即可实现 UF_6 与 MoF_6 的完全分离，有关试验结果如表 5-6 所示。

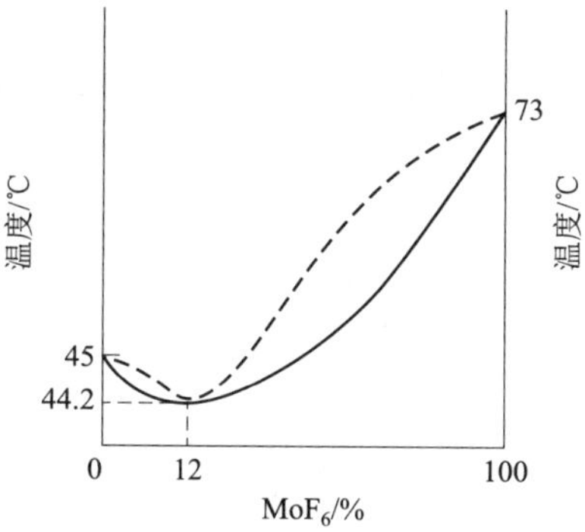

图 5-4　MoF_6-ClF_3 二元体系恒沸物组成

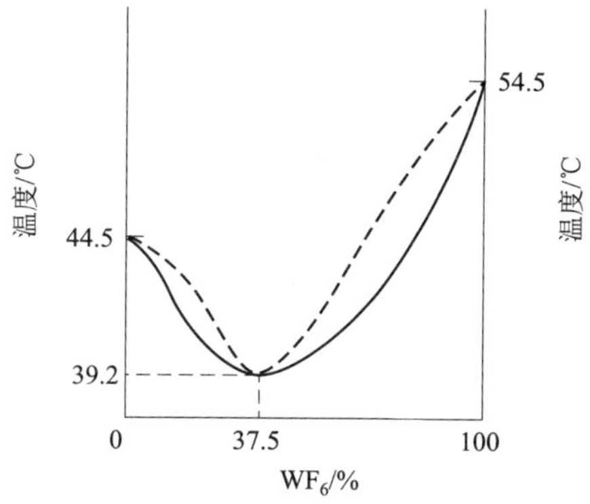

图 5-5　分馏柱示意图

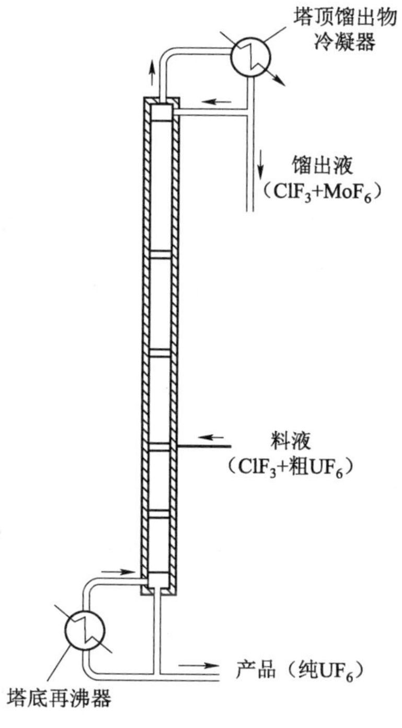

图 5-6　WF_6-ClF_3 二元体系恒沸物组成

表 5-6　恒沸分馏柱分离效率

MoF_6 连续加入量累积值/g	填料段 MoF_6 浓度的分布/(μg/L)			
	1	2	3	4,5,6
5	154	<0.88	<0.88	样品数值均小于分析方法的灵敏度
10	220	3.5	<0.88	
14	321	1.5	<0.88	
20	431	—	<1.33	
40	802	3.5	<0.88	

续表

MoF_6 连续加入量累积值/g	填料段 MoF_6 浓度的分布/(μg/L)			
	1	2	3	4,5,6
100	1 898	3.08	<1.32	样品数值均小于分析方法的灵敏度
220	4 317	12.95	<1.23	
450	8 240	21.13	<0.88	

四、难挥发性杂质氟化物的去除方法

在氟化反应过程中,多数难挥发性的金属氟化物杂质随氟化渣一起进入到渣罐收集器中,一般难以进入到 UF_6 成品混合气中,但在氟化反应温度的影响下,一些比 UF_6 挥发度低许多的金属氟化物杂质,如 TiF_4,仍可随成品混合气一起进入到冷凝器中,并在 UF_6 的液化过程中部分溶解。而溶解在液态 UF_6 中的一些金属氟化物杂质,也会对 UF_6 的产品质量带来不良影响。

对于进入到 UF_6 产品中的难挥发的金属杂质氟化物,可采取如下方法进行净化处理:

1. 气态 UF_6 中难挥发性杂质氟化物的净化

在 UF_6 的制备中,因气流夹带、设备或管道腐蚀等原因进入到固态 UF_6 产品中的难挥发性金属氟化物杂质,可通过气体挥发法实现 UF_6 的净化。

气体挥发法净化 UF_6 的原理是利用 UF_6 易升华的特点,采取与气相转移装瓶类似的工艺技术条件,控制适当的温度和压力,使 UF_6 气化并转移出储存容器,从而实现 UF_6 与多数难挥发金属氟化物杂质的分离。对气化后的 UF_6 进行凝华收集,即可得到纯度较高的 UF_6 产品。

在气体挥发法净化 UF_6 的过程中,多数难挥发性的杂质氟化物残留在蒸发容器中。当容器中杂质氟化物的量积累到一定程度后,需对容器进行清洗并回收铀。生产实践中,利用气体挥发法还可对某些设备、容器中储存的少量 UF_6 进行集中处理。

2. 溶解在液态 UF_6 中难挥发性杂质氟化物的去除

对于溶解在液态 UF_6 中的难挥发性的金属杂质氟化物,同样可采取蒸馏纯化的方式实现它们与 UF_6 的分离。

蒸馏纯化法去除溶解在液态 UF_6 中的难挥发性金属杂质氟化物时,通常使用的精馏塔为调料塔。在如图 5-7 所示的试验装置中,A.L.Allen、E.W.Powell 等人曾对液态 UF_6 中的难挥发性金属杂质氟化物的去除进行过研究,取得了较好的净化效果,UF_6 中 Ag、Al、Bi、Be、Fe、Mn、Ni、Sn 等杂质氟化物的去除率达到了 70%～87%。

如图 5-7 所示,试验使用的蒸馏柱为镍制、内部填充 1/8 英寸镍制单环的调料塔,高 48 英寸,外径 1 英寸,壁厚 1/8 英寸。通过电阻丝进行加热,利用一个镍制的取样 T 型管以对液态进料进行取样分析。

以甲醇作冷却剂的回流冷凝器结构材料也为镍,长约 12 英寸,壁厚为 1/16 英寸,放置在蒸馏柱顶部旁边约 4 英寸的地方。

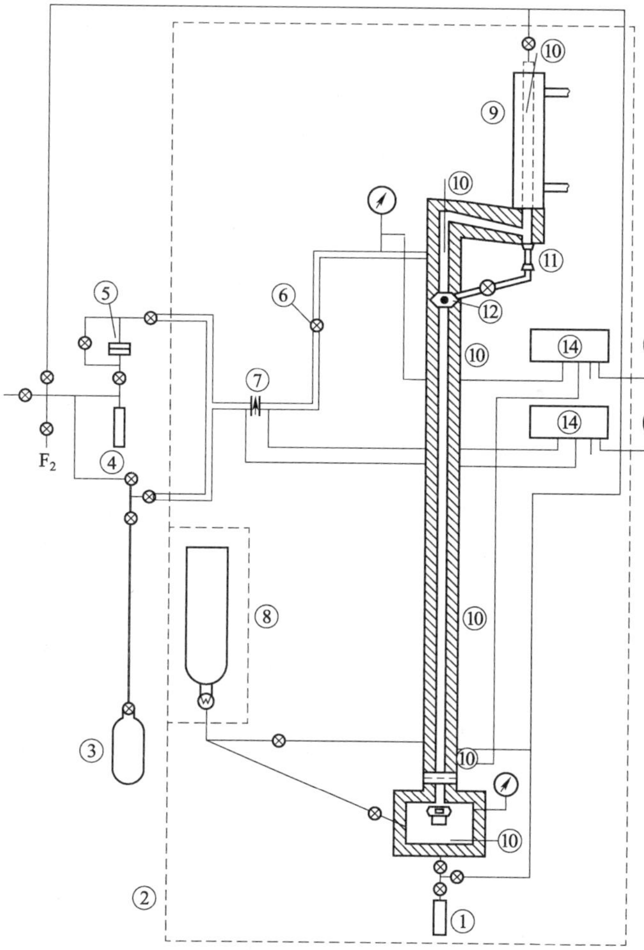

图 5-7　UF_6 提纯蒸馏器

1—样品管(罐);2—恒温控制加热箱;3—馏出物接收器;4—样品管(馏出物);5—金属过滤;6—馏出物控制阀;7—0.030 英寸孔板;8—进料筒;9—甲醇冷凝器;10—热电偶元件;11—带有刻度的氟新管;12—观察窗;13—压力指示器;14—差式压力发送器

利用上述试验装置,A.L.Allen、E.W.Powell 等人测定了不同的条件下 UF_6 杂质的去除情况。试验使用的 UF_6 进料中,Ag、Al、Be、Cu 等杂质元素的总含量为 355 μg/gU,其试验结果如表 5-7、表 5-8 所示。

表 5-7　UF_6 蒸馏效果

试验批次	UF_6 蒸发管温度/℃	柱压磅/英寸²(表压)	柱 ΔP 磅/英寸²	回流比	蒸汽速度英尺/min	物料通过量/(g/h)	馏出物流速/(g/h)	平均杂质总含量/(μg/gU)	杂质去除效率/%
5	68.1	12.7	0.20	108	12.2	1 622	15	104	70±13
6	66.6	11.1	0.10	33	16.1	2 150	65	71	
8	68.1	12.3	0.15	41	13.8	1 846	45	97	
10	69.9	13.1	0.10	73	12.5	1 674	23	166	
11	67.8	11.3	0.05	57	11.1	1 480	26	86	

续表

试验批次	UF_6蒸发管温度/℃	柱压磅/英寸^2(表压)	柱ΔP磅/英寸^2	回流比	蒸汽速度英尺/min	物料通过量/(g/h)	馏出物流速/(g/h)	平均杂质总含量/(μg/gU)	杂质去除效率/%
7	65.6	10.4	0.05	28	11.7	1 555	56	42	87±5
9	66.0	11.4	0.10	34	10.6	1 406	41	37	
12	66.7	10.6	0.05	25	9.9	1 321	51	46	
13	69.2	12.8	0.25	35	11.4	1 526	42	60	

表 5-8　UF_6进料和馏出物中杂质元素含量比较

试验批次	杂质平均含量/(μg/gU)															平均总含量/(μg/gU)
	Ag	Al	Be	Bi	Cd	Cr	Cu	Fe	Mg	Mn	Mo	Ni	Pb	Si	Sn	
进料	3.3	1	0	0	0.8	83	27	187	2	0.5	1	26	19	3	2	355
5	7.0	1	0	0.1	6.1	3	47	5	6	0	0	6	2	21	0	104
6	3.3	1	0	0	2	0	17	7	6	0.4	0	30	3	2	0	71
8	18.2	2	0	0	0.1	0	47	12	4	0	0	6	3	11	0	97
10	34.8	2	0	0	2.5	4	36	46	3	1	0	21	8	7	1	166
11	14.7	4	0	0	0	4	14	26	5	0.9	0	6	2	9	0	86
7	2.9	0	0	0	0	0	10	4	6	0	0	1	10	8	0	42
9	1.4	0	0	0	0.7	1	5	7	4	0.5	0	8	2	7	0	37
12	1.9	2	0	0	0	2	10	15	4	0.3	0	8	1	2	0	46
13	18.5	4	0	0	0	4	8	9	3	0	0	4	6	3	0	60

第三节　应急处理

学习目标:通过本部分的学习,使学员了解本岗位在运行期间的预期运行事件及其应对措施。

一、应急预案的组成

1. 总则

1.1　编制目的

为保证铀纯化转化工程生产运行过程中,能够对突发事件迅速采取有效的应急处理措施,及时控制和消除突发性事件的危害,最大限度地减少事件造成的人员伤亡、经济损失和减小对环境的影响,并使救援工作安全、有序、科学、高效的实施,特制定本应急预案。

1.2　编制依据

☆《中华人民共和国放射性污染防治法》

☆《中华人民共和国突发事故应对法》

☆《国家核应急预案》

☆军核监〔2009〕19号,《军工核设施核应急管理暂行规定》

☆HAD002/07《民用核燃料循环设施营运单位的应急计划》

☆《中核四〇四有限公司核应急预案》

☆《中核四〇四有限公司工业安全事故应急预案》

☆《铀纯化转化工程可行性研究报告》

1.3　适用范围

本应急预案适用于铀纯化转化工程运行过程中可能导致硝酸泄漏、氨泄漏、氟化氢灼伤、六氟化铀泄露、火灾等事件(事故),从而损害或危及生产运行人员或公众的健康与安全或造成财产损失的潜在核事件(事故)。

2. 设施及其环境概况

2.1　设施的一般特性

铀纯化转化工程是中核四〇四有限公司铀转化工程的Ⅱ期工程,该工程运行过程中接触的有毒有害物质主要有:铀的化合物、氟化氢、氟气、硝酸、氨气等;接触的易燃易爆物质是氢气。

铀纯化转化工程接触的放射性物质是铀的化合物,铀的化合物对人体的辐射危害主要是吸入产生的内照射,同时有一定的外照射危害(尤其是氟化渣)。

2.2　地理位置

(略)

2.3　环境概况

铀纯化转化工程位于甘肃省××市西北×××km,兰新铁路××车站东北×××km,南邻祁连山,北邻北山山地,西部与疏勒冲击扇相邻,东部为祁连山前倾斜平原,兰新铁路和312国道在厂址西南×××km处通过。

以50 m高排风塔为中心半径8 km范围内,除中核四〇四有限公司各设施外,无其他军用设施,也无固定居民常年居住。西南11 km处是中核四〇四有限公司的福利区,2007年福利区居民搬迁至×××市,福利区无常住人口,该范围内活动人员是上班的职工、武警战士和一些临时民工。

3. 应急组织

4. 应急状态

应急状态分级

根据军核监〔2009〕19号,《军工核设施核应急管理暂行规定》和铀纯化转化工程中可能发生的空气污染事故,铀纯化转化工程应急状态可分为应急待命和厂房应急两个等级。应急状态等级与行动水平见表5-9。

表5-9　应急状态等级与行动水平

初始事件	应急待命	厂房应急
氟化工序氟气泄漏事故	管道和阀门密封失效	阀门、管道失效破裂

续表

初始事件	应急待命	厂房应急
氟化工序气体 UF_6 泄漏事故	关键岗位关键点的控制参数偏离允许范围	人员现场检查,发现有泄漏,运行限制条件已不能满足
冷凝液化及尾气处理工序液体 UF_6 泄漏事故、液体 UF_6 超设计泄漏事故	关键岗位关键点的控制参数偏离允许范围	人员现场检查,发现有泄漏,运行限制条件已不能满足

第四节　冷凝液化及尾气处理工序异常工况分析

学习目标:通过本部分的学习,使学员了解六氟化铀冷凝液化工艺出现的异常现象,具有处理异常现象的能力。

1. 本工序特点

冷凝液化及尾气处理工序处理来自氟化工序产生的含 UF_6 的工艺气体,将其中的 UF_6 气体冷凝收集在冷凝器中,然后通过加热液化转移到 3 m^3 成品容器中。本工序中主要涉及的有毒有害放射性物质的系统、设备有:工艺气体管道(含气体 UF_6)、液体 UF_6 管道、一级冷凝器、二级冷凝器、三级冷凝器、HF 回收冷凝器、尾气处理系统、真空系统、取样系统等。

本工序中可能存在的事件有:① 管道系统的堵塞、设备装料量超量;② 尾气系统设备异常(炭化炉失效、淋洗塔堵塞);③ 少量气体 UF_6 泄漏;④ 少量固体 UF_6 泄漏。

本工序中的事故(基准事故)为液体 UF_6 泄漏。

2. 事件

2.1　管道系统的堵塞、设备装料量超量

(1) 事件的原因(或部位)

冷凝生产中,UF_6 以固体形态存在于冷凝器中,可能导致局部堵塞,使进出口压差增大;UF_6 气体管线伴热效果不佳或失去加热保温,可能导致其中的 UF_6 固化,使管道堵塞。

一级冷凝器、二级冷凝器、三级冷凝器、3 m^3 成品容器均设有装料限量,由于切换阀门不及时或操作人员疏忽可能导致超量装料。

(2) 事件的探测

本工序中的各冷凝器的气体进出管设有压差计,设备上设有压力计、温度计,在管程的进出口设有温度计,冷凝器及 3 m^3 成品容器下部设有电子秤。可通过压差计的报警反应管道、设备的堵塞情况;称重的电子秤设有超重报警,也可根据经验通过时间判断冷凝器的大致装料量,出现较大差别时,及时的分析判断是否装料过量。

(3) 影响与后果

管道系统堵塞,将造成生产系统的物料无法流通,导致上游工序的停车,但一般不会造成物料的泄漏,对人员及环境不会造成直接的危害。

设备容器的装料超量,将会对设备容器的安全造成严重危害,因此严禁超量装料,但通过将超量的物料转移,一般不会对人员及环境造成直接的危害。

2.2　炭反应器失效事件

(1) 事件的原因(或部位)

事件的部位:炭化炉;

事件的原因:炭化炉内木炭未能及时补充或炭化炉内壁烧穿或炉内温度过低导致氟气吸收失效。

(2) 事件的探测

炭化炉的夹套设置有测温仪表,保持其在 70 ℃左右(低温时采用蒸汽加热),夹套的上部为溢流式结构,保证其夹套处于良好的降温状态。正常运行时出现 0.5 h 以上的持续降温,应分析其原因,判断是否为木炭消耗完毕情况。每条生产线的炭反应器均为一用一备,发现异常情况时可及时切换到备用系统运行。

(3) 事件后果

① 炭化炉中的木炭消耗完毕未能及时补充木炭或炭化炉温度过低将使尾气中的氟气成分不能与木炭进行反应,其氟气成分将进入淋洗塔,造成淋洗塔负荷增加和淋洗液温度升高,不会造成过量有害氟气的泄漏;

② 炭化炉长期在高温下运行,出现超温烧穿炉壁,首先将使夹套的水泄漏进入炭化炉,使炭化炉失去除氟的功能,进入炭化炉的水上升将使尾气管路堵塞,造成整个冷凝系统压力升高,影响冷凝液化生产,直至使其停产。进入炭化炉的水将受到污染,收集送到废水处理工序处理。

2.3　固体 UF_6 泄漏事件

(1) 事件的原因(或部位)

固体 UF_6 泄漏的实质是通过固体升华形成气体 UF_6 而造成的 UF_6 泄漏,固体 UF_6 存在于冷凝器的冷凝接料状态、成品容器装料后的冷却状态、50 升冷冻器收集物料状态等,因此发生固体 UF_6 泄漏事故的可能性主要是由于相关阀门、密封件泄漏,容器破损等状况,固体 UF_6 泄漏造成 UF_6 的挥发而形成白色烟雾。

(2) 事件的探测

泄漏的固体 UF_6 升华形成气体 UF_6,与空气中的水分反应,生成 HF 和氟化铀酰,通过厂房内设置的 HF 气体报警仪针对 HF 浓度进行探测。另外,升华的 UF_6 在空气中极易形成明显的白色烟雾,可通过工作人员的巡检和厂房内的工业视频监控发现。

(3) 事件的后果

由于固体 UF_6 升华吸热使固体 UF_6 降温,因此其泄漏不会造成较大的物料损失,一般也不会对现场及周围人员的安全造成威胁。

2.4　气体 UF_6 泄漏事故分析

(1) 事件部位与原因:该事故可能发生在氟化工艺气体管线、一二三级冷凝器、气体 UF_6 倒料管线等部位。

事件原因:工艺设备、管道和阀门在运行中由于设备材料和加工缺陷、密封失效、操作失误、外力导致系统破损等引起 UF_6 气体的泄漏事故。

(2) 事件的探测

泄漏的气体 UF_6 与空气中的水分反应,生成 HF 和氟化铀酰,通过厂房内设置的 HF 气体报警仪针对 HF 浓度进行探测。另外,气体 UF_6 在空气中极易形成明显的白色烟雾,可通过工作人员的巡检和厂房内的工业视频监控发现。

(3) 事件后果:气体 UF_6 泄漏到空气中后与空气中的水汽反应形成十分显眼的白色烟雾,因此该类事故发生后将很容易被巡查人员和视频监控发现。由于工艺气体管线、气体 UF_6 倒料管线、以及含气体 UF_6 设备的压力均为常压(或微负压),因此其泄漏速度较低,事故一经发现即可采取切换阀门、堵漏等措施,不会造成较大量的 UF_6 泄漏。

氟化工序输送来的工艺气体中含 UF_6 气体量为 6.95 kgU/min,工艺气体管道全部有蒸汽伴热和保温,且管道基本沿墙铺设,假设出现管道破裂(或腐蚀穿孔),则出现工艺气体从破裂漏出,由于冷凝器系统中压力为微负压,因此管道系统输送工艺气体的作用仍起作用,假设有 30%的气体泄漏出来,则泄漏速度可达 2 kgU/min,气体 UF_6 气体泄漏到厂房内,将很快出现大量白色烟雾,发现及停车时间按 15 min 考虑,则泄漏到厂房内的 UF_6 气体量 30 kgU,在停车的同时关闭厂房的通排风系统,使泄漏的 UF_6 气体在与空气中的水汽反应后逐渐沉降下来,待空气中的铀含量低于 1 mg/m^3 后,开启事故排风,操作人员在穿戴好防护用品后在安防部门人员监督下清理厂房。

按事件发生后关闭通排风系统响应时间 5 min 考虑,厂房的通排风次数为 6 次/h,转化沉降率按 80%估计,则通过排风系统排放到大气的量为 6 kgU。

3. 事件应对措施与纠正行动

(1) 首先制定完善的操作规程,并分析制定各类事件情况处理预案;

(2) 发现温度、压力、压差、重量异常、报警,及时判断异常的原因,并进行相应的纠正措施,必要时通知上游工序停车请求;

(3) 根据事件的严重程度进行相应后续处理,如倒料、清理、启动备用设备等措施,消除事件的影响。

(4) 对涉及气体 UF_6 管线要进行 100%的焊缝探漏,保证管道质量;选择高质量的阀门、密封件;在现场设置视频监控和加强现场巡查。

4. 液体 UF_6 泄漏事故

4.1 一般液体 UF_6 泄漏事故

(1) UF_6 泄漏事故发生的原因:工艺设备、管道和阀门在运行中由于设备材料和加工缺陷、密封失效、操作失误(包括容器过量充装物料)、外力导致系统破损等引起液体 UF_6 的泄漏事故。

参考《建设项目环境风险评价技术导则》(HJ169-201x 征求意见稿)中"表 A.1 用于重大危险源定量风险评价的泄漏概率表",泄漏模式与泄漏概率见表 5-10。

表 5-10 泄漏模式与泄漏概率表

序号	泄漏模式	泄漏概率
1	内径≤50 mm 管道,泄漏孔径 1 mm	5.70×10^{-5}/a
	全管径泄漏	8.80×10^{-7}/a
2	内径≤150 mm 手动阀门 泄漏孔径 1 mm	1.0×10^{-2}/a
	内径≤150 mm 手动阀门 泄漏孔径 50 mm	1.0×10^{-8}/a

参照 NUREG—1520 中"极不可能"意味着每个事件发生的概率低于 10^{-5}/a,"不可能"意味着每个事件发生的概率在 10^{-4}/a 和 10^{-5}/a 之间。由此可见管道上发生泄漏的孔洞取泄漏孔径 1 mm 的概率已具有相当的保守性。

由表 5-10 可见,液体 UF_6 阀门泄漏(泄漏孔径 1 mm) 的概率还是较高的,在实际生产过程中，阀门的泄漏主要有两种，一是阀门的内漏，二是阀门密封失效后的外漏，对于阀门内漏一般不造成放射性物料向环境释放，所以主要考虑阀门的外漏。由于阀门密封面的泄漏一般不存在突发性的完全破坏，破坏过程存在从很小的泄漏逐步扩大的趋势，适当取较大的阀门泄漏孔径可具有一定的包容性，为简化分析，阀门密封面失效泄漏孔径也取 1 mm。

(2) 事故的探测与发展情景

液体 UF_6 泄漏后，迅速挥发成气体 UF_6 并与空气中的水分反应生成 HF 气体和氟化铀酰，形成白雾，通过 HF 气体浓度报警仪来监测液体 UF_6 泄漏。液体 UF_6 系统包括一级冷凝器和相应的 UF_6 管道以及取样系统。在一级冷凝器小室、液体 UF_6 管道集中的卸料小室内设置 HF 气体报警仪，对超标的 HF 气体浓度发出声光报警同时反映在中控室内。另外通过工作人员巡检及工业监控视频发现。

(3) 液体 UF_6 管道泄漏事故估算

液体 UF_6 管道主要集中在一层的卸料小室内，二层部分的管道只有从冷凝器底部出料口至一层的较短管线。只有在液体 UF_6 取样、转移装瓶操作过程中液体 UF_6 管道内充满物料，其余时间内该管线内不存留液体 UF_6 物料。而液体 UF_6 取样、转移操作为重要操作，在此期间操作人员需切换阀门、取样、装瓶、观察装瓶进展等，此期间操作现场人员与巡查较频繁。

在液体 UF_6 转移过程中液体 UF_6 管道受外力或内部腐蚀破裂导致液态 UF_6 流出，假设液化管道泄漏(或阀门密封面失效)造成泄漏孔径达 1 mm，液态 UF_6 从破裂处流出喷出的速度取 830 cm/s(美国燃料事故分析附录 B.3.5.1)，液态 UF_6 密度取 3.3 g/cm^3。当发生液态 UF_6 泄漏时，由于有白色烟雾可迅速发现，预计 30 min 内应急处理堵住泄漏点，则泄漏的液体 UF_6 量为：

$$\pi\times0.1\times0.1\div4\times830\times3.3\times60\times30\div1\,000=38.72\ \text{kg}$$

据此计算，则泄漏至厂房的 UF_6 量约 38.72 kg(折合 26.2 kgU)。

在可能发生液体 UF_6 泄漏点附近设置有 HF 气体浓度报警仪，报警下限为 1 mg/m^3，发生液体 UF_6 泄漏后，泄漏的 UF_6 与空气中水分反应生成 UO_2F_2 及 HF，很快将引起 HF 气体浓度报警仪的报警及连锁事故喷淋水的动作。

发生事故后，连锁关闭通排风，同时向泄漏点喷水，使空气中的大部分 UF_6 与水反应生成 UO_2F_2 及 HF，此反应瞬间即可完成，转化率按 90%考虑，厂房空气中剩余的 UF_6 量约 2.1 kg，喷水处理结束后开启事故排风，开启事故排风的条件为厂房内含铀气溶胶浓度小于 1 mg/m^3，预计事故排风换气次数按 24 次考虑，厂房容积为 3 万立方米，经排风净化中心处理(净化效率＞80%)，估算有 0.72 kgU 排至大气中。厂房内生成的含铀含氟废液经地坑收集由泵送至铀回收工序。

连锁通排风关闭时间以 60 s 估算，空气中气溶胶浓度以 100 mgU/m^3 估计，厂房换气次数 6 次/h，卸料小室和冷凝器小室体积 400 m^3(各考虑一个)，局排气溶胶浓度按 10 gU/m^3 估算，排风净化中心处理效率 80%，厂房内其余部分全排的气溶胶浓度按 100 mgU/m^3 估计，则可能通过排风系统进入环境的铀量为：$(30\,000\times0.1\times6\times60+400\times10\times20\%\times6\times60)\div3\,600\div1\,000=0.38$ kgU。

上述两项合计，进入环境的铀量为 1.1 kgU。80 km 范围内的最大有效剂量出现在 0～1 km 区域内厂址边界处，其所致幼儿组、少年组和成人组的个人有效剂量分别为：5.52×

10^{-7} Sv、8.79×10^{-7} Sv、1.01×10^{-6} Sv,小于本工程事故工况下公众个人有效剂量控制限值(5 mSv)。个人照射途径主要是吸入内照射和食入内照射,浸没外照射和地面沉积所致个人有效剂量可以忽略不计。UF_6泄露事故所致集体有效剂量为 0.037 人·Sv。

冷凝液化厂房发生液态 UF_6 泄漏事故后,通过 60 m 烟囱向环境释放的 UO_2F_2 为 1.46 kg,释放的 HF 为 0.762 kg。厂址边界处 UO_2F_2 的浓度为 0.004 mg/m^3,小于对应的 PAC1 级限值(0.78 mg/m^3);厂址边界处 HF 浓度为 2.29×10^{-3} mg/m^3,小于对应的 PAC1 级限值(0.82 mg/m^3)。

4.2 液体 UF_6 泄漏设计基准事故

(1) 事故原因

液体 UF_6 管道和阀门全管径泄漏的概率极低(全管径泄漏的概率 8.80×10^{-7}/a,阀门泄漏孔径 50 mm 的概率 1.0×10^{-8}/a) 但发生液体 UF_6 泄漏后可预想其结果十分的严重,将其划分为设计基准事故。

在发生意外事件使液体 UF_6 管道或阀门出现全管径破坏,将引起一级冷凝器内液体 UF_6 的大量快速泄漏。

(2) 事故的探测

在液体 UF_6 系统的各位置均设置 HF 气体浓度报警仪,泄漏的液体 UF_6 挥发与空气中水分反应生成 HF 气体和氟化铀酰,通过 HF 气体浓度变化判断是否发生了液体 UF_6 泄漏。另外通过工作人员巡检及工业监控视频发现。

(3) 事故发生的景象

液体 UF_6 系统的管道中只有物料转移过程时才存在液体 UF_6,其余时段该管道系统处于空置状态。转移物料过程一般处于操作人员的监控下进行,管道泄漏事故发生后,可迅速关闭一级冷凝器的液体出口阀门。

但对于一级冷凝器内液体 UF_6 处于液化匀化状态时,设备液体出口与卸料阀门之间的管道破裂或阀门损坏,将导致一级冷凝器内液体 UF_6 全部泄漏。

对于最严重的一级冷凝器底部液体出口阀附近的液体 UF_6 泄漏,首先泄漏的液体 UF_6 迅速挥发出气体 UF_6 并与空气中水分反应生成 HF 气体。在其附近的 HF 气体探测报警仪对超标浓度的 HF 发出警报并联锁事故喷淋水向液体出口阀门处喷水,同时联锁卸料小室的事故喷淋和关闭厂房内的通排风。

由于一级冷凝器内液化压力达到 0.35 MPa 左右,而且液体 UF_6 的黏度小,流动性好,因此泄漏的液体 UF_6 从管道破口处快速喷出,通过冷凝器小室与卸料小室连接的洞口流向卸料小室。卸料小室内设有水沟,且卸料小室为密闭小室,泄漏的液体 UF_6 大多停留在其中。

从一级冷凝器底部液体出口泄漏的液体 UF_6 受到喷淋水的作用,与水反应生成 HF 和固体氟化铀酰,可有效缓解液体 UF_6 的挥发和减缓其流动性;卸料小室内的事故喷淋水也与进入卸料小室的液体 UF_6 反应,尽量使其失去挥发性,反应生成固态的氟化铀酰。

待一级冷凝器内所有液体 UF_6 泄漏完毕,喷淋水作用半小时左右后,使液体 UF_6 完全与水反应,保持厂房密闭,直至其中的白色雾状(主要为氟化铀酰)充分沉降,厂房内能见度足够高后开启事故排风系统进行厂房换气,直至厂房内 HF 浓度低于 1 mg/m^3,然后操作人员在装备完善的防护设备后进入现场进行清理工作。

（4）事故的后果预测

冷凝液化工序中的一级冷凝器在液化转移操作中，设备中液体 UF_6 量高达 28.5 t(自然重)。液体 UF_6 的温度在 80～90 ℃，压力约 0.33 MPa，在意外内部因素或外部因素导致设备破损、管道断裂，其后果可能使全部 28.5 t 的液体 UF_6 全部泄漏到厂房内，对现场操作人员、周围环境安全造成严重威胁。

泄漏的液体 UF_6 将顺着冷凝器隔断的导流洞进入卸料小室，在卸料小室内设有事故喷淋系统，喷淋强度达 30 m^3/h，卸料口附近也设有事故喷淋，在受到上下两部分的喷淋水的影响，生成氟化铀酰的固体物也将减缓液体 UF_6 的蒸发与升华，部分升华的 UF_6 与喷淋的水反应生成氟化铀酰、HF 与水汽形成大量白雾开始向小室以外的空间弥散，这些白雾将逐渐在厂房空间内沉降，然后通过事故排风系统，使剩余气体通过排风净化中心处理后排放。

冷凝液化厂房为密闭厂房，不设窗户，在事故情况下可减少 UF_6 气溶胶向周围环境散发。

按照美国《核燃料循环设施事故分析手册》(NUREG/CR—6410)中的分析，UF_6 泄漏到厂房后立刻闪蒸为气态的 UF_6 份额为 54%，总量 28.5 t 的液体 UF_6 将有 15 390 kg 闪蒸为气态。该说法为过于保守的估算，因为液体 UF_6 通过卸料口喷出，即使在短短 10 min 内全部排出，在喷淋水的作用下，液体 UF_6 将被固体氟化铀酰覆盖，减缓了实际蒸发速度，另一方面，根据实际操作液体 UF_6 气化转移的经验，在有充分热源(90 ℃)的情况下液体 UF_6 的蒸发速度也远远低于所谓闪蒸出 54%的水平。

喷淋水与 UF_6 反应将放出热量：

$$UF_6 + 2H_2O \Leftrightarrow 4HF + UO_2F_2 + 117\ 147\ J/mol$$

由上式可见，每千克液体 UF_6 与水 103 g 反应生成的热量仅 332 kJ，可使 147 g 水蒸发。

假设全部液体 UF_6 与喷淋水反应，则需消耗水 2.94 t 水，造成 4.2 t 水的蒸发，总耗水量为 7.14 t。

而每组事故喷淋水的强度在 30 t/h，两组喷淋水(卸料小室与冷凝器小室)喷淋强度在 60 t/h，仅需 7.2 min 就能满足全部反应用水与蒸发用水。

假设液体 UF_6 释放后立即在小室内均匀分布。开启喷淋系统后，考虑喷淋沉降效率为 90%，小室的容积为 7 m×6 m×5.5 m，而厂房全部容积达 3 万 m^3。由此可见大部分液体 UF_6 在小室内，少量部分弥散在厂房其他部分，保守估计约 10%的含铀气体弥散在厂房内，然后经过长时间沉降，降低到浓度 1 mg/m^3 后，开启事故风机处理。以沉降率 95%估算，则进入事故排风系统的量为：28 500×(1−90%)×(1−95%)×(238/352)=96 kgU，该部分含铀气体通过事故排风系统的酸雾净化塔(对 UF_6 的净化效率取 80%)过滤后通过 60 m 高的烟囱排放，则向环境释放的 UF_6 量为 96 kg×(1−80%)=19.2 kgU。

假设一级冷凝器的液体 UF_6 泄漏，所处位置大约面积在 7×12 的范围内，估算泄漏后空气中弥散的含铀气溶胶浓度达到 100 g/m^3，距离最近的全排风口的尺寸为 600 mm×500 mm 的排风口，排风速度为 3 m/s，排风口为两个，按关闭全排风机响应时间 2 分钟估算，则进入全排系统的 UF_6 量为：

$$0.6\times0.5\times3\times60\times2\times0.1\times2=21.6\ kgU$$

由以上两部分合计，液体 UF_6 泄漏设计基准事故将造成 40.8 kgU 的排放。80 km 范围内的最大有效剂量出现在 0～1 km 区域内厂址边界处，其所致幼儿组、少年组和成人组的个人有效剂量分别为：2.04×10^{-5} Sv、3.26×10^{-5} Sv、3.75×10^{-5} Sv，小于本工程事故工况下公众个人有效剂量控制限值(5 mSv)。个人照射途径主要是吸入内照射和食入内照射,浸没外照射和地面沉积所致个人有效剂量可以忽略不计。UF_6 泄露事故所致集体有效剂量为 1.34 人·Sv。

冷凝液化厂房发生液态 UF_6 泄漏事故后,通过 60 m 烟囱向环境释放的 UO_2F_2 为 54.1 kg,释放的HF为28.3 kg。厂址边界处 UO_2F_2 的浓度为 0.15 mg/m³,小于对应的PAC1级限值(0.78 mg/m³);厂址边界处 HF 浓度为 8.50×10^{-2} mg/m³,小于对应的 PAC1 级限值(0.82 mg/m³)。

4.3 液体 UF_6 泄漏超设计基准事故

对于一级冷凝器内液体 UF_6 处于液化匀化状态时,设备液体出口与卸料阀门之间的管道破裂或阀门损坏,将导致一级冷凝器内液体 UF_6 全部泄漏。发生该事故的情景之一为超设计基准地震的情况,在该状况下 HF 气体浓度报警仪、事故喷淋系统和通排风系统可能出现失效的情况(见表 5-11)。

表 5-11 冷凝液化工序预计运行事件(事故)

序号	可能发生的事件(事故)	产生的部位、原因	探测	产生的后果	纠正及预防措施
1	管道系统的堵塞、设备装料量超量事件	部位:气体、液体 UF_6 管道,一、二、三级冷凝器; 原因:伴热效果不佳或失去加热保温。冷凝器切换阀门不及时,导致装料超量	工艺气体进出口压差计,温度计,电子秤的称重报警,根据氟化工序投料量累计判断	一般不会对人员及环境造成直接的危害	上游工序停车,系统的疏通处理,工艺系统额外的倒料处理。 预防措施:严格操作程序,巡检,加强各仪控设备的显示报警。 超量装料必须采用自然蒸发或负压倒料,严禁加热倒料
2	炭反应器失效事件	部位:炭化炉 原因:木炭量少,或炭化炉烧穿。另外反应器内出现持续高温的原因为尾气中含氟气量过高	炭化炉夹套温度计	反应器温度过低导致尾气中的氟气不能得到处理,使淋洗塔内淋洗液负荷增大;反应器的温度持续过高,将降低炭化炉的使用寿命	排查冷却介质或加热介质的管道压力,调整阀门开度;炭反应器持续高温时通知氟化工序,调整其运行参数
3	固体 UF_6 泄漏事件	部位:一、二级冷凝器、3 m³成品容器等。 原因:相关阀门、密封件泄漏,容器破损等状况	巡查人员现场巡查,HF 气体检测报警仪监测报警,现场视频监控	固体 UF_6 泄漏造成 UF_6 的挥发而形成白色烟雾。由于固体 UF_6 挥发吸热使固体 UF_6 降温,因此其泄漏不会造成较大的物料损失,一般也不会对现场及周围人员的安全造成威胁	一般采用加强巡检和监控视频措施

续表

序号	可能发生的事件(事故)	产生的部位、原因	探测	产生的后果	纠正及预防措施
4	气体 UF_6 泄漏事件	部位：氟化工艺气体管线、一二三级冷凝器、气体 UF_6 倒料管线等部位 原因：工艺设备、管道和阀门在运行中由于设备材料和加工缺陷、密封失效、操作失误、外力导致系统破损	巡查人员现场巡查，HF 气体检测报警仪监测报警，现场视频监控	气体 UF_6 泄漏到空气中后与空气中的水汽反应形成十分显眼的白色烟雾，很容易被巡查人员和视频监控发现。由于工艺气体管线、气体 UF_6 倒料管线、以及含气体 UF_6 设备的压力均为常压(或微负压)，因此其泄漏速度较低，事故一经发现即可采取切换阀门、堵漏等措施，不会造成较大量的 UF_6 泄漏	对涉及气体 UF_6 管线要进行 100%的焊缝探漏，保证管道质量；选择高质量的阀门、密封件；在现场设置视频监控和加强现场巡查
5	一般液体 UF_6 泄漏事故	部位：液体 UF_6 管道(包括取样系统)、一级冷凝器、成品容器 原因：管道、阀门、密封件泄漏，容器破损等状况	巡查人员现场巡查，HF 气体检测报警仪监测报警，现场视频监控	液体 UF_6 黏度低，易挥发，泄漏后迅速挥发形成大量白色烟雾弥散到厂房内	① 对涉及液体 UF_6 管线要进行 100%的焊缝探漏，保证管道质量；② 选择高质量的阀门、密封件；在现场设置视频监控和加强现场巡查；③ 严禁容器超量充装；④ 容器超量充装，必须采取自然挥发或真空抽料的方式进行倒料，严禁采用加热倒料；⑤ 蒸汽伴热管对液体 UF_6 管线进行保温，确保其中不出现物料凝固；⑥ 在生产期间严禁在液体 UF_6 系统的管线、设备附近进行吊装、焊接、以及其他可能引起液体 UF_6 系统受到破坏的活动，必要的活动必须得到安防部门的批准与采取严格的防范措施
	液体 UF_6 泄漏设计基准事故	一级冷凝器底部液体 UF_6 管道和阀门全管径泄漏	HF 气体检测报警仪监测报警，现场视频监控	泄漏后迅速挥发形成大量白色烟雾弥散到厂房内。一级冷凝器内全部液体 UF_6 泄漏到厂房内。事故喷淋系统启动，部分含铀气溶胶排到周围环境	
	液体 UF_6 泄漏超设计基准事故	一级冷凝器底部液体 UF_6 管道和阀门全管径泄漏，主要原因为超基准地震及极端意外事件	HF 气体检测报警仪监测报警，现场视频监控	泄漏后迅速挥发形成大量白色烟雾弥散到厂房内。一级冷凝器内全部液体 UF_6 泄漏到厂房内，并通过厂房的门窗向周围环境散发	

(1) 事故后果预测

冷凝液化工序中的一级冷凝器在液化转移操作中，设备中液体 UF_6 量高达 28.5 t(自然重)。液体UF_6的温度在80～90 ℃,压力约0.33 MPa,在意外内部因素或外部因素导致设备破损、管道断裂,假设泄漏管径达到 50 mm,其流速达到 830 cm/s,液体 UF_6 密度取3.3 g/cm^3,则瞬间泄漏速度可达53.7 kg/s,以此速度将在约10 min内全部液体UF_6泄漏出来。

按照美国《核燃料循环设施事故分析手册》(NUREG/CR—6410)中的分析,UF_6泄漏到厂房后立刻闪蒸为气态的UF_6份额为54%,总量28.5 t的液体UF_6将有15 390 kg闪蒸为气态,形成的气态物质估算体积达到 1 200 m^3,假设全部气体与厂房内空气均匀混合,厂房容积约3万立方米,则形成的气溶胶浓度高达374 gU/m^3,厂房内气压增加4%,增加4 kPa。

泄漏出来的UF_6从厂房的大门向周围环境散发,直至厂房内的气压与周围环境平衡,以平均浓度泄漏估算,则泄漏到周围环境的UF_6达到416 kgU。

(2) 缓解措施

液体 UF_6 泄漏事故发生后,相关安全设施未能发挥其作用。首先人员迅速撤离到厂房外,启动厂区应急,关闭厂房大门,然后通过厂区的消防水设施对大门处进行喷淋,使挥发的气体UF_6通过消防水喷淋使其沉降。

第六章　系统调试和化工检修高级技师技能

第一节　系统调试

学习目标:通过本部分的学习,使学员了解系统联动试车要求,具有处理调试过程中出现的重大技术问题和编制联动调试方案的能力。在推广应用新工艺、新材料、新技术、新设备过程中,具有检查、确认复杂设备的性能和状况、解决重大技术难题和编制复杂系统检修方案的能力。

一、调试活动的质量要求

工程调试活动通常包括:试车准备、冷调试和热调试三个阶段。各个阶段是在工程项目调试大纲、质量保证大纲、总体试车方案的统领下相互联系进行的。根据工程项目的基本情况,确定调试质量活动包括的内容。为保证调试活动有序进行,工程调试过程中,完成试验项目除经过作业人员确认外,还需核项目主管单位的认可和签字确认。为此,制定质量计划,并设定见证点 R 点、W 点和 H 点,使设施调试过程处于严格的控制状态。质量计划设有质量计划见证表,见表 6-1。

R 点:记录审核点。见证人员审查检验记录或检查报告,审查后签字认可;

W 点:现场见证点。见证人员参加现场见证,审查后签字认可;

H 点:停工待检点。调试活动必须等待见证人员参加现场见证,经过见证人员审查认可签字后方可放行。

表 6-1　×××工程质量计划见证表

<table>
<tr><td colspan="2">质量计划名称</td><td colspan="2"></td><td>版本号</td><td colspan="4">A 版</td><td>出版日期</td><td></td><td colspan="2">页数/总页数</td><td></td></tr>
<tr><td colspan="2">符号代表含义</td><td colspan="3">R:记录审核点;
W:现场见证点;
H:停工待检点</td><td colspan="9">A:车间 QC;
B:生产运行部 QC;
C:安防质量部 QA;
D:质量保证人员 QA</td></tr>
<tr><td rowspan="2">序号</td><td rowspan="2">项目名称</td><td rowspan="2">物项位置</td><td rowspan="2">控制内容</td><td rowspan="2">作业依据文件(标准、图纸、程序)</td><td colspan="4">控制点选取</td><td colspan="4">实施人员和见证人员签名</td><td rowspan="2">见证记录</td></tr>
<tr><td></td><td></td><td></td><td></td><td>A</td><td>B</td><td>C</td><td>D</td></tr>
<tr><td></td><td></td><td></td><td></td><td></td><td></td><td></td><td></td><td></td><td></td><td></td><td></td><td>W</td><td></td></tr>
<tr><td></td><td></td><td></td><td></td><td></td><td></td><td></td><td></td><td></td><td></td><td></td><td></td><td>R</td><td></td></tr>
<tr><td></td><td></td><td></td><td></td><td></td><td></td><td></td><td></td><td></td><td></td><td></td><td></td><td>H</td><td></td></tr>
<tr><td></td><td></td><td></td><td></td><td></td><td></td><td></td><td></td><td></td><td></td><td></td><td></td><td></td><td></td></tr>
</table>

质量计划的总要求为:

本计划包括了设备完好的确认、单系统运行等部分,每部分都应按计划要求进行下述见证点的见证,因此对应产生的相关记录一定要标识清楚,予以识别和追溯。

×××根据专业分工组织见证人员见证。见证人员现场见证活动结束后,应在质量计划见证表的指定栏内签署姓名、日期,以示确认。

现场见证点(W 点)由实施人员提前半个工作日通知××QC 进行现场见证。如果在约定之时见证人员未能到场,预定的检修、检查或试验活动可以进行,该 W 点变成 R 点。

停工待检点(H 点)由××××提前一个工作日书面通知××××,由安××××组织见证人员现场见证。预定的检修、检查或试验活动必须在见证人员到场的情况下才能进行,除非事先书面通知确认放弃。

记录审查点(R 点):××××无需向见证人员发出书面通知,但必须加以准备以备见证人员到场检查。

参与本工程调试的×××应为见证活动提供现行有效的文件和质量记录。

二、质量计划的分发和归档

本质量计划由××编制,××××审核并批准,由××××发给质量计划涉及的所有单位和部门。

设施调试验证工作结束后,××××将签字齐全的质量计划交×××资料室归档。

三、水压试验

化工装置建成后投产前或者大检修后,均需按规定进行压力试验,就是通常所称的试压,它包括强度试验和严密性试验。

压力试验是对压力容器和管道系统的一次综合性考核。通过压力试验,就是检验容器和管道是否具有安全地承受设计压力的能力(即耐压强度)、严密性、接口或者接头的质量、焊接质量和密封结构的紧密程度。此外,可观测受压后容器和管道的母材焊缝的材料变形量,还可以及时发现材料和制造过程中存在的问题。

强度试验包括液压和气压强度试验,为防止试压过程中意外,通常采用液压强度试验。

液压强度试验的加压介质通常采用结洁净水,故液压强度试验常被称为水压试验。如果不用水而改用其他液体时,所用的液体必须是流动性好、无毒、沸点和闪点高于耐压强度试验温度且不可能导致其他危险。

对奥氏体不锈钢容器和管道系统进行水压试验时应严格控制水的氯离子含量,因为氯离子对奥氏体不锈钢产生严重的晶间腐蚀。因此实验前应先检查水中氯离子含量,一般要求在 25 mg/L 以下,超过时应采取相应措施(例如加入硝酸钠溶液进行处理)。

水压实验前容器和管道系统上的安全装置、压力表、液面计等附件及全部内构件均应装配齐全并经检查合格。

水压试验时,试验环境和水的温度应保证高于试验容器材质的无塑性转变温度(NDT),目的是为了防止材质冷脆产生低应力脆性断裂。通常应该在环境温度为 5 ℃以上进行,否则应有防冻措施。对于碳钢和 16 MnR 钢制容器和管道,试验用水温应不低于 5 ℃,其他低合金钢(不包括低温容器),试验用水温不低于 15 ℃。如因板厚等因素会造成脆性转变温度升高，还应适当提高试验用水温。

关于水压试验的压力规定、升压程序、合格标准、安全措施和防范等，除了遵照设计文件规定外，还必须遵守《压力容器安全技术监察规程》。

水压试验前，应将不参与水压试验的系统、设备、仪表和管道加盲板隔离(加盲板的地方应有明显的标记和记录)。

水压试验时应将水缓慢充满容器和管道系统，打开容器和管道系统最高处阀门，将滞留在容器和管道内的气体排净。容器和管道外表面应保持干燥，待壁温于水温接近时方能缓慢升压至设计压力，确认无泄漏后继续升压到规定的试验压力，根据容积大小保压 10～30 min，然后降压至设计压力，保压进行检查，保压时间不少于 30 min，检查期间压力保持不变。

检查重点是各焊缝及连接处有无泄漏、有无局部或整体塑性变形，大容积的容器还要检测基础下沉情况(对要求在基础上作水压试验且容积大于 100 m^3 的设备，水压试验的同时，在充水前、充水时、充满水后、放水时和放完水后，均应按预先标定的测点作基础沉降观察，详细记录基础下沉和回升情况，填写基础沉降观察记录)。

检查时可用小锤沿焊缝及平行于焊缝 15～20 mm 处轻轻敲打。如发现泄漏，不得带压紧固和修理，以免发生危险。缺陷排除后，应重新做水压试验。

水压试验结束后，打开容器和管道的最低处阀门降压放水，排水时，不得将水排至基础附近，大型设备排水时，应考虑反冲力作用及其他安全注意事项。另外，排水时容器顶部的放空阀门一定要打开，以防薄壁容器抽瘪。水放净后，采用压缩空气或惰性气体将其内表面吹干，严防器内和管内存水。

试验用压力表不得少于两个并经校验合格，其精度不低于 1.5 级，表面刻度值为最大被测压力值的 1.5～2 倍。压力表应分别安装在最高处和最低处，试验压力应以最高处的压力读数为准。

试验压力遵照《压力容器安全技术监察规程》和设计文件规定执行，压力容器水压试验的试验压力见表 6-2。

表 6-2　压力容器水压试验的试验压力

压力容器名称	压力等级	水压试验压力($P_T=\eta \cdot p$)/MPa
钢制和有色金属制压力容器	低压 中压 高压	$1.25p$
铸铁		$2.00p$
搪玻璃		$1.25p$

对于设计温度(壁温)≥200 ℃的钢制或≥150 ℃的有色金属制压力容器，水压试验压力 P'_T 按下式计算：

$$P'_T=P_T \cdot [\sigma][\sigma]_t=\eta \cdot P_T \cdot [\sigma][\sigma]_t$$

式中：p：压力容器的设计压力，MPa(对在用压力容器为最高工作压力)；

P'_T:设计温度下的耐压试验压力,MPa;

P_T:试验温度下的耐压试验压力,MPa;

η:耐压试验压力系数;

$[\sigma]$:试验温度下的材料的许用应力,MPa;

$[\sigma]_t$:设计温度下的材料的许用应力,MPa。

四、其他试验的方法

气密性试验所采用的气体通常应为干燥,洁净的空气、氮气或其他惰性气体。

如生产工艺无特殊需求,通常采用干燥、结晶的空气作为气密性试验介质。当然能采用氮气或其他惰性气体作为试验介质更好,更符合核化工生产工艺的要求。

如对易燃易爆介质的在用压力容器和管道系统中进行气密性试验,必须进行彻底的清洁和置换,否则严禁用空气作为试验介质。对要求脱脂的容器和管道系统,应采用无油的气体。

气密性试验时,升压应分段缓慢进行,首先升至气密性试验压力的 10%,保压 5~10 min,检查焊缝和各连接部位是否正常,如无泄漏可继续升至规定试验压力的 50%,如无异常现象、无泄漏、其后按每级 10%逐级升压,每一级稳压 3 min,到达试验压力时,保压进行最终检查,保压时间应不少于 30 min。

检查期间,检查人员在检查部位喷涂肥皂水(铝合金容器、铝管用中性肥皂)或其他检漏液,检查是否有气泡出现,如无泄漏、无可见的异常变形、压力不降或压力降符合设计规定,即为合格。

气密性试验时,如发现焊缝或连接部位有泄漏,需泄压后修补,焊缝后要重新进行耐压强度试压和气密性试验。如要求作热处理的容器,补焊后还应重做热处理。

真空设备和真空管道系统在强度试验和气密性试验合格后,再联动试车运行,还应以设计压力进行真空度试验。

真空度试验宜在气温变化很小的环境中进行,试验时间为 24 h,检查变化率,变化率按下式计算。

$$\Delta P=\frac{p_1-p_2}{p_1}\times 100\%$$

式中 ΔP:24 h 的变化率,%;

p_1:试验初始压力(表压),MPa;

p_2:24 h 后的实际压力(表压),MPa。

变化率 ΔP,A 级管道不应小于 3.5%;B、C 级管道不应小于 5%。

第二节 试生产

学习目标:通过本部分的学习,使学员了解试生产的基本要求,具有从事生产装置热试车的能力。

一、预运行试验

对于六氟化铀生产项目建成后，为保证热式车的顺利进行，需指定预运行试验项目。该项目包括膜压机稳定性预运行试验，立式氟化反应器预运行试验，中温制氟电解槽预运行试验，六氟化铀一级冷凝器（19 m^3 容器）、二级冷凝器（12.5 m^3 容器）、三级冷凝器（1.5 m^3 容器）预运行试验，验证设备设计性能是否满足生产要求。

1. 预运行试验须具备的前提条件

预运行试验须在工程中间验收合格后进行，试验方案经业主、设计单位组织审查，确认试验方案的科学性、合理性。

2. 参加预运行试验的人员须由公司人力资源部进行试验内容培训和考核，考核合格，方可参加试验。使其熟悉预运行试验必须具备的条件，了解试验的组织与指挥系统，掌握试验的原理和方法、步骤。

3. 参加预运行试验人员须具备下列安全生产基本知识

（1）人身安全防护、防火防爆、防尘防毒防触电等安全知识；

（2）核辐射防护、危险化学品防护基本知识；

（3）熟知应急预案及特种防护用品的使用知识；

（4）压力容器的安全使用知识；

（5）安全生产责任制；

（6）巡回检查责任制；

（7）消防器材的使用知识。

4. 预运行试验期间，须加强人员管理，确保试验的安全进行，按照民用核设施核安全报告制度按期进行报告。

5. 对特种设备原始资料审查合格后，方可投入使用。如压力容器资料审查：

（1）压力容器设计、制造单位的相应资格；

（2）压力容器出公司合格证书及其应附有的技术质量证明文件（含制造质量监督证书）；

（3）由技术部门颁发的使用和登记证书；

（4）历次检验的检验报告及缺陷、处理记录；

（5）安全附件的检查：是否齐全、检查合格证书及校验报告；

（6）水压试验试验报告书；

（7）气密性试验试验报告书。

6. 试验结束后，须编制试验报告，提出整改意见。

二、试生产

1. 试生产任务来源

生产规定数量的天然六氟化铀产品需经核材料管理部门审批。

2. 试生产须具备的前提条件

（1）系统联动调试合格，存在问题得到整改，经过审评和确认，具备投料条件；

（2）获得批准的装投料试车许可证；

（3）试生产方案经上级部门组织审查，确认生产方案的科学性、合理性。

3. 参加试生产人员须由公司人力资源部进行试生产培训和考核,考核合格,方可参加生产运行。

4. 参加试生产人员须具备下列安全生产基本知识

(1) 人身安全防护、防火防爆、防尘防毒防触电安全知识;

(2) 熟知应急预案、核辐射防护、危险化学品防护基本知识;

(3) 特种防护用品的使用知识;

(4) 压力容器、起重机械的安全使用知识;

(5) 安全生产责任制;

(6) 巡回检查责任制;

(7) 消防器材的使用知识。

5. 试生产期间,加强人员管理,确保试生产的安全进行,按照核设施核安全报告制度按期报告。报告内容如下:

(1) 本月试运行情况,安全重要构筑物、系统和部件(或设备)的运行性能及对其进行监督、检查、试验和维修的情况;

(2) 安全重要构筑物、系统和部件(或设备)的修改或变更以及对运行规程的修改;

(3) 核临界安全的控制(包括临界物理参数监控仪表运行情况、监测结果及与运行限值的比较);

(4) 放射性废物的贮存、处理、处置情况和存在的安全问题及采取的预防措施;

(5) 辐射防护情况;

(6) 热调试或试运行中发生的事件综述与分析,构筑物、系统和部件(或设备)存在或潜在的安全问题及其所采取的措施;

(7) 安全防护处和/或分公司认为需要报告的其他事项。

6. 现场要求

工作场所保持整齐清洁;注意排水和防止液体的渗透;排水沟渠应加盖,并且要定期疏通。

容易使脚部潮湿、受寒的工作地点,要设木头站板;墙壁和天花板都应该保持完好;设备和工作台等的布置,应该便于工人安全操作。

安全通道的宽度不能小于1 m;升降口和走台应该加围栏。走台的围栏高度不能低于1 m。

原材料、成品和半成品的堆放要分区摆放。

工作地点的局部照明的照度符合操作要求;通道应有足够的照明。

照明设备应该保持清洁完好。

室内工作地点的温度适宜。

对于和取暖无关的蒸汽管或者其他发散大量热量的设备,应该采用保温或者隔热的措施。经常开启的门户,在气候寒冷的时候,应该有防寒设施。

通风装置和取暖设备,必须有专职或者兼职人员管理,并且应该定期检修和清扫,遇有损坏应该立即修理。

供水、盛水和饮水用具应该每日保持清洁。

禁止在有粉尘或者散放有毒气体的工作场所进食和饮水。工作场所根据需要设置洗手设施。

7. 机械设备的要求

传动带、齿轮、砂轮、电锯、接近于地面的联轴节、转轴、皮带轮和飞轮等危险部分，都要安设防护装置。其他机械也应有必要的安全装置。

机器的转动摩擦部分，应定期加油；难于加油的，应该停车注油。

起重机械应标明起重吨位，并且要有信号装置。起重机械的挂钩和钢丝绳都要符合规格，卷扬限制器、行程限制器、缓冲器和自动连锁装置等使用前应进行检查。

使用起重机械不能超负荷、不能歪拉斜吊，禁止任何人站在吊运物品上或者在下面停留和行走，操作人员必须做到“十不吊”。

起重机械要定期检修；发现损坏，应该立即进行维修。

压力容器应该有安全阀、压力表等安全装置，并且要保持准确、有效；定期进行保养、检修和检验。

8. 电气设备的要求

电气设备和线路的绝缘必须良好。裸露的带电导体应该安装于碰不到的位置；否则必须设置安全遮栏和明显的警告标志。

行灯的电压不能超过 36 V，在金属容器内或者潮湿处所不能超过 12 V。

电钻、打磨机等手持电动工具，在使用前必须采取保护性接地措施。

发生大量蒸汽、气体、粉尘的工作场所，要使用防爆电气设施；有爆炸危险的气体或者粉尘的工作场所，要使用防爆型电气设施。

9. 气体、粉尘和危险物品

散放易燃、易爆物质的工作场所，应该严禁烟火。散放粉尘的生产，应该采用湿式作业。散放有害健康的气体和粉尘的设备要严加密闭，必要时应该安装通风、吸尘等装置。

发生强烈噪音的生产，应该尽可能在设有消音设备的单独工作房中进行。有毒物品和危险品应分别贮存在专设处所，并严格管理。

在接触酸、碱等腐蚀性物质并且有烧伤危险的工作地点，应该设有冲洗设备。废料和废水应妥善处理，确保职工和附近居民的安全。

10. 生产辅助设施齐全

根据需要设置浴室、卫生间、更衣室、休息室等生产辅助设施，并保持完好和清洁。

更衣室内工作服必须和便服隔开存放。

11. 个人防护用品发放

有下列情况之一的，应该供给职工工作服或者围裙，并且根据需要分别供给工作帽、口罩、手套、护腿和鞋盖等防护用品：

(1) 有灼伤、烫伤或者容易发生机械外伤等危险的操作。

(2) 在强辐射热或者低温条件下的操作。

(3) 散放毒性、刺激性、感染性物质或者大量粉尘的操作。

(4) 经常使衣服腐蚀、潮湿或者特别肮脏的操作。

在有危害健康的气体、蒸汽或者粉尘的场所操作的职工，应该由企业分别供给适用的口罩、防护眼镜和防毒面具等。

工作中发生有毒的粉尘和烟气，可能伤害口腔、鼻腔、眼睛、皮肤的，应该分别供给必要的防护药膏。

在有噪音、强光、辐射热和飞溅火花、碎片,刨屑的场所操作的职工,应该分别供给护耳器、防护眼镜、面具和帽盔等。

经常站在有水或其他液体的地面上操作的职工,应该供给防水靴或者防水鞋等。

两米以上高处(高空)作业的职工,应该供给安全带。电气操作的职工,应该按照需要分别供给绝缘靴、绝缘手套等。经常在露天工作的员工,应该供给防晒、防雨的用具。

在寒冷气候中必须露天进行工作的职工,应该根据需要供给御寒用品。

对于工作服和其他防护用品,应该负责清洗和修补,并且规定保管和发放制度。

12. 安全防护措施

(1) 预运行和试生产过程中,应制定相关的安全防护措施,确立各种安全限值,如温度、浓度、辐射防护个人剂量限值等,并严格落实,做到:

- 严格遵守岗位工作纪律,工作场所严禁进食、吸烟、打闹等,树立文明形象;
- 严格遵守操作程序,遵照指挥人员的指示;
- 严格执行动火制度和安全用电制度;
- 岗位工作人员进入现场时,均应佩带好相应的劳动保护服装、用品,妥善使用各种安全操作工器具,严防人身伤害事故和仪器仪表、设备损坏事故;
- 对易燃、易爆、有毒、腐蚀性物品的使用、保管进行严格控制和管理;
- 定期检查和确认火灾报警装置及灭火装置性能,严格按照限值操作,预防火灾和爆炸;
- 现场准备必要的急救物品和药品,确保有充足的干净水源;
- 及时清洁、整理作业场所,震期巡检,杜绝跑、冒、滴、漏;
- 对安全隐患和事故及时沟通和汇报相关信息;
- 发生触电事故时,应立即切断电源,立即对病人进行抢救,必要时,立即做人工呼吸。

(2) 辐射防护管理措施

建立完善出入管理、作业环境管理、“三废”排放管理、个人辐照管理、辐射监测设备与测定机器类的维护管理、环境监测等辐射管理程序和制度,做到:

- 尽量将设备和设备室封闭,确保通排风的气流方向、排气量和负压;
- 划定辐射防护管理的区域并根据工作进展情况改进;
- 对进入放射性公司房的人员进行剂量检测和辐射防护知识的培训,配备必要的辐射防护用品;
- 进行公司房屋和环境的辐射监测,及时发现和解决问题;
- 对放射性操作和作业进行管理和控制;
- 采取措施防止放射性污染,一旦发生污染,采取有效措施和启动应急预案,最大限度保护人员、环境和防止污染扩散;
- 对物品进出辐射防护管理区域的搬运和移动进行控制和管理;
- 按照核材料实物保护的管理规定对核材料的实体保护、衡算、计量、转移等控制,确保核材料的安金与平衡;
- 对放射性排出物进行监测、控制和处理,按照规定排放。

(3) 预防硝酸、氟化氢、六氟化铀烧伤的安全措施

- 接触硝酸、氟化氢、六氟化铀时,必须戴好耐氟手套和防毒面具;

- 在开、关有关硝酸、氟化氢、六氟化铀管路阀门时，要站在上风位置；
- 有酸或不明液体溅到皮肤上，立即用水大量冲洗；
- 在开、关有关硝酸、HF 供料阀、吹氮阀时，一定要认真谨慎，确认无误后再进行操作，避免开错、关错阀门；
- 处理紧急事故时，要戴防毒面具；
- 检修中拆开的管道开口处、设备开口处，应用塑料布包好；
- 对转动设备手动盘车时，必须有专为监护控制电源盘；
- 拆卸带酸管道或尾气分析时被酸液溅上，应立即用大量清水冲洗，冲洗 15 min 以上；
- 严禁带压拆卸设备管道，如需要拆卸时，应先氮气置换，确认安全后再拆卸；
- 应避免电气及吊车的误操作等不安全因素，避免放射性伤害；
- 生产中发生设备问题，请示调度或车间领导后，可局部或全线停车；
- 吊车应由专人操作，严格遵守操作规程，防止操作中料桶与人或设备碰撞、吊链脱扣、损坏电机和控制盒等现象发生；
- 防止加料、卸料或检修时的物料逸散，经常打扫地面、设备卫生，保证设备整洁，文明生产；
- 出现异常情况后及时记录汇报并联系处理；
- 使用流量计时必须先开流量计出口阀门，然后再缓慢地开进口阀，防止压力过高，流量过大，浮子碰坏流量计；
- 抽酸抽碱时，必须戴好相应的防护用品，以防烧伤，不能有其他杂物掉入，防止堵塞喷射泵及管道阀门；
- 电机温升低于铭牌规定；
- 运行过程中应经常检查有无异常振动及杂音；
- 设备升温过程中应检查炉筒伸长情况；
- 不明液体禁止用手触摸，防止烫伤、冻伤、烧伤；
- 禁止与裸线接触；一旦发现裸线找电工处理；电气着火，先切断电源；
- 经常检查设备、管道、阀门有无泄漏，有漏点及时消除；
- 六氟化铀冷凝在管道中，造成管路堵塞时，必须采用冷抽的方法进行处理，禁止直接加热，防止管道破裂。

(4) 电解制氟生产过程中的安全措施

电解槽运行期间，电解大厅、阴极气体处理间严禁有明火。特殊情况下须采取相应安全措施并经主管部门批准。

凡接触 KHF_2、KF·2HF、HF、氢氟酸等的人员，必须遵守下列安全规定：

a) 在工作和处理事故时，必须穿戴齐全劳保用品，如：胶皮手套、眼镜或面罩、胶靴、石棉手套等。

b) 若氢氟酸、KF·2HF 或其水溶液碰到皮肤上，应立即用大量清水冲洗。

c) 操作电解液(如转移)时，严防烫伤、烧伤。

凡接触 F_2 者应遵守以下安全操作规定：

a) 设备、管道或阀门未经 N_2 置换或在正压下不得进行检修。

b) 设备、管道和阀门内不得有水、油脂和有机物等。

c) 更换接触 F_2 的零部件,必须彻底用丙酮脱脂,清洗干净。

d) 发生 F_2 着火时可以关闭阀门或退槽,使其自行熄灭,或用 N_2 吹灭。

e) 更换氟气管道上的阀门时,应在退槽并吹氮合格后方可进行。

f) 氟气系统泄漏时可用淀粉-KI 试纸进行检查;HF 系统泄漏时可用氨水检查。

凡接触 H_2 工作时应遵守下列规定:

a) 室内严禁明火或用铁器敲打设备、管道、阀门。

b) 氢气着火时,应迅速关闭氢气出口阀,立即退出该槽,使其自行熄灭。

当电气着火时,应立即切断电源,用干粉灭火器进行灭火。

三、运行限值与条件

天然六氟化铀生产线,涉及工艺安全及核安全等多个方面的因素。为了确保工艺系统的安全、持久运行,防止工艺设备事故及核安全事故的发生,公司在运行过程中对各种设备、容器等采取了多项控制措施,规定了必要的运行限值与条件。

主管部门根据有关技术设备条件制定和发布相关的运行限值及条件,通常运行限值和条件还应在相关的管理程序或技术规程中进行明确。运行限值或条件作为相关管理程序或技术规程的一部分,由主管副总或总工程师批准后执行。运行限值和条件在生产过程中分别采用了累计流量控制,计量仪表监测以及分析设备测定等手段进行控制。

依据铀纯化转化生产线的工艺规程和各工序操作规程确定了主要运行限值与条件,见表 6-3。

表 6-3　六氟化铀生产线主要工艺控制条件一览表

序号	操作工序	控制项目	单位	控制范围	测量方法	控制方法	备注
1	熔盐电解制氟工序	液封高度	mm	80～140	直尺测量	调节电解质温度、酸度、补加电解质	
		电解质 HF 含量	%	38.0～40.2	取样分析	调节加料量	
		电解电流(脱水过程)	A	200～500	电流表测量	压力调节装置控制	
		电解电流(正常生产)	A	≤9 000	电流表测量	压力调节装置控制	
		极间电压	V	6.5～13.5	电压表测量	消除极化、调节酸度、槽温、测绝缘	
		阳—隔电压	V	5.5～9.0	电压表测量	消除极化、调节酸度、槽温	
		阴—隔电压	V	1.0～4.5	电压表测量	消除极化、调节酸度、槽温	
		阳极空间气体压力(表压)	Pa	−650～+650	压力变送器	报警联动系统控制	
		阴极空间气体压力(表压)	Pa	−650～+650	压力变送器		
		氟气总管压力(表压)	Pa	−200～+200	压力变送器	膜压机工序调节、检查畅通性	
		电解槽阴、阳极空间压差	Pa	−900～+900	压力变送器	膜压机工序调节、检查畅通性	
		电解槽温度	℃	85～105	温度计测量	自动调节循环水流量	

续表

序号	操作工序	控制项目	单位	控制范围	测量方法	控制方法	备注
2	四氟化铀氟化工序	一级预热器腔体控制温度	℃	340～360	仪表测量	电加热	
		二级预热器腔体温度控制	℃	340～360	仪表测量	电加热	
		反应器氟气管道入口温度	℃	180～200	仪表测量	管道保温	
		反应器扩大段温度	℃	280～320	仪表测量	水冷却	
		筒体外侧温度	℃	290～340	仪表测量	水冷却	
		氟化反应器加热器温度 T1	℃	330～380	仪表测量	电加热	
		氟化反应器加热器温度 T2	℃	330～380	仪表测量	电加热	
		氟化反应器加热器温度 T3	℃	330～380	仪表测量	电加热	
		氟化反应器加热器温度 T4	℃	330～380	仪表测量	电加热	
		氟化反应器加热器温度 T5	℃	330～380	仪表测量	电加热	
		氟化反应器加热器温度 T6	℃	280～330	仪表测量	电加热	
		炉体气室加热器控制 1	℃	260～280	仪表测量	电加热	
		氟化反应器气室温度 2	℃	≤280	仪表测量	电加热	
		氟化反应器渣灌温度 1	℃	≤200	仪表测量		
		氟化反应器渣灌温度 2	℃	≤250	仪表测量		
		氟化反应器渣灌温度 3	℃	≤260	仪表测量		
		炉气管道温度	℃	＞80	仪表测量	蒸汽加热	
		进料短管吹氮流量	m^3/h	2.4～2.7	流量计测	调节阀门	
		进料中心管吹氮流量	m^3/h	1.4～1.6	流量计测	调节阀门	
		气固比	A·h/kg	(230～250):1			
		垂直进料仓料重	kg	2 500～3 400	电子秤测	调进料量	
		炉气出口压力	kPa	≤15	仪表测量	氮气反吹	
		扩大段压力	kPa	≤25	仪表测量	氮气反吹	
		过滤器压差	kPa	≤15	仪表测量	调节阀门	
		进料管压力	kPa	≤25	仪表测量	氮气反吹	
		垂直进料绞龙调频比例	%	45～65		DCS 控制	
		立式炉反吹频次	每 20 min 一轮，轮吹 6 组，每组间隔 2 min				
3	六氟化铀冷凝液化工序	一级冷凝器管程入口温度	℃	−10～5	温度计测量	调整冷媒乙二醇流量	
		二级冷凝器管程入口温度	℃	−25±2	温度计测量	调整冷媒乙二醇流量	
		三级冷凝器管程入口温度	℃	−33±2	温度计测量	调整冷媒 $CaCl_2$ 盐水流量	
		各级冷凝器解冻释压温度	℃	50±5	温度计测量	调整热媒流量	

续表

序号	操作工序	控制项目	单位	控制范围	测量方法	控制方法	备注
3	六氟化铀冷凝液化工序	各级冷凝器气相转移温度	℃	≤100	温度计测量	调整热媒流量	
		气相管路温度	℃	≥65	温度计测量	水蒸汽加热	
		液相管路温度	℃	85～120	温度计测量	调节蒸汽伴管蒸气压力、保温	
		一级冷凝器液化温度	℃	≤100	温度计测量	调整热媒流量	
		一级冷凝器液化恒温压力	kPa	≤400(表压)	压力表测量	调整热媒流量	
		一级冷凝器充装量	kg	≤38 000	电子秤称量	0.5 h 记录一次,控制转移量	
		二级冷凝器充装量	kg	≤28 500	电子秤称量	0.5 h 记录一次,控制转移量	
		三级冷凝器充装量	kg	≤3 000	电子秤称量	0.5 h 记录一次,控制转移量	
		3 m^3 产品容器充装量	kg	≤9 280	电子秤称量	0.5 h 记录一次,控制转移量	
		2S 样品瓶充装量	kg	0.7～1.3	天平称量	取样定量管和保证冷却时间控制	
		740 L 容器接收产品量	kg	≤2 000	电子秤称量	0.5 h 记录一次,控制转移量	
		一级冷凝器容器恒温时间	h	≥15	时钟计时		
		一级冷凝器释压完成标志	kg	250～350	电子秤称量	释压完成以电子秤减重为主要判断标志	
		三级容器自然解冻时间	h	＞12	时钟计时		
		50 L 容器冷却器使用温度	℃	液氮蒸发温度			
		50 L 容器气相转移温度	℃	≤100	温度计测量	转移前检查	
		真空系统极限真空	MPa	−0.070	压力表测量	转移前检查	
		50 L 容器蒸发器物料重量	kg	＜50	电子秤称量	接收时记录	
		取样时一级冷凝器温度	℃	≤100	温度计测量	调整热媒流量	
		取样管道温度	℃	85～120	温度计测量	调节蒸汽伴管蒸气压力、保温	
		取样前一级冷凝器容器压力	kPa	≤400(表压)	压力表测量	调节放压量,保持恒温	
		取样量	kg	0.7～1.3(单瓶)	天平称量	取完样称重	
		3 m^3 产品空容器压力	MPa	−0.070～0	压力表测量	抽真空	
		产品转移速率	kg/h	≤6 000	电子秤称量	10 min 记录	
		炭化炉木炭填装量	kg	200～300	台秤称量	调整加入量	
		炭化炉入口压力	Pa	−300～−100	压差计测量	强制排风、保持系统畅通性	
		淋洗塔入口压力	Pa	−300～−100	压差计测量	强制排风、保持系统畅通性	
		淋洗塔出口压力	Pa	−300～−100	压差计测量	强制排风、保持系统畅通性	
		碱液槽液面(距顶盖)	mm	200～300	液位计测量	调整高度	
		循环碱液酸度	pH	≥7	pH 试纸测试	更换新鲜碱液	

续表

序号	操作工序	控制项目	单位	控制范围	测量方法	控制方法	备注
4	氟化氢深冷回收工序	乙醇深冷机组出口温度	℃	−75～−80	温度计测量	调节冷冻机组	1 h
		屏蔽泵出口压力	MPa	0.40～0.50	压力表测量	调节冷冻机组	1 h
		冷却水总管进口压力	MPa	0.10～0.20	压力表测量	控制冷却塔水量	1 h
		流量	m^3/h	≥75	流量计测量	调节循环泵	1 h
		排气温度	℃	≤110	温度计测量	调整油压	1 h
		高压整定值	MPa	≤1.8	压力表测量	调整油压	1 h
		低压整定值	MPa	0～0.2	压力表测量	调整油压	1 h
		冷凝器管程入口温度	℃	−10～5	温度计测量	调整冷媒乙醇流量	
		气相管路温度	℃	≥65	温度计测量	调节流量	1 h
		冷凝器充装量	kg	≤100	电子秤称量	控制转移量	0.5 h
		系统入口流量	m^3/h	～50	流量计测量	调节流量	
		HF 储罐重量	kg	400	电子秤称量	控制转移量	
		系统入口 HF 含量	%	≤25	在线监测	调节冷媒流量	
		系统出口流量	m^3/h	30～40	流量计测量	调节流量	
		HF 储罐压力	kPa	≤100	压力计测量	控制乙二醇流量	
		系统出口 HF 含量	%	≤5	在线监测	调节冷媒、尾气流量	
5	冷、热媒供给工序	一级制冷机组冷乙二醇溶液出口温度	℃	−10～5	温度计测量	调节、控制开车时间	
		二级制冷机组冷乙二醇溶液出口温度	℃	−30～−20	温度计测量	调节、控制开车时间	
		三级冷冻 $CaCl_2$ 溶液出口温度	℃	−38～−28	温度计测量	调节、控制开车时间	
		解冻用乙二醇溶液出口温度	℃	65～75	温度计测量	调节、控制开车时间	
		液化用乙二醇溶液出口温度	℃	95～110	温度计测量	调节、控制开车时间	
		−27～−23 ℃ 乙二醇溶液比重	g/cm^3	1.078～1.084	比重计测量	低于下限时，补加乙二醇	
		−10～5 ℃ 乙二醇溶液比重	g/cm^3	1.080～1.090	比重计测量	低于下限时，补加乙二醇	
		65～75 ℃乙二醇溶液比重	g/cm^3	1.080～1.095	比重计测量	低于下限时，补加乙二醇	
		95～110 ℃ 乙二醇溶液比重	g/cm^3	1.080～1.100	比重计测量	低于下限时，补加乙二醇	
		$CaCl_2$ 溶液比重	g/cm^3	1.280～1.287	比重计测量	低于下限时，补加 $CaCl_2$	

续表

序号	操作工序	控制项目	单位	控制范围	测量方法	控制方法	备注
6	氟化氢贮存工序	HF 储罐储液量	%	≤85			
		HF 储罐液面	m	≤2.2			
		HF 储罐内压力	MPa	≤0.35	压力计测量		
		向蒸发罐压液压力	MPa	≤0.35	压力计测量		
		空压机排气温度	℃	<80	温度计测量		
		螺杆式空压机油位		在油标 1/2 处			
		螺杆式空压机排气量	m^3/min	5.6			
		加热温度	℃	68～72	温度计测量	调整热媒流量	
		酸化终点 pH		1～2	pH 试纸测试	每班测量	
		通氨终点 pH		9～10	pH 试纸测试	每班测量	
		沉淀上清液铀浓度	mg/L	≤10	分析测量	分析测量控制	
7	气体供给工序	空压机温度	℃	75～95	温度计测量		
		干燥机进口温度	℃	≤40	温度计测量		
		空压机压力	MPa	0.60～0.80	压力表测量		
		压空贮罐压力	MPa	≤0.80	压力表测量		
		氮气贮罐压力	MPa	≤0.8	压力表测量		
		氮气干管进口压力	MPa	≤0.65	压力表测量		
		氮气减压后压力	MPa	≤0.30	压力表测量		
		氮气流量	m^3/h	≤450	流量计测量		
8	废液处理工序	吸附液配置后 pH	—	10～11	pH 试纸	控制加碱量	
		吸附液配置后[U]	g/L	≤3	化学分析	控制加水量	
		解析液配制后 NaCl 浓度	mol/L	2±0.2	化学分析	控制加水量	
		解析液配制后 Na_2CO_3 质量浓度	%	～5	化学分析	控制加水量	
		转型(再生)液中 Na_2CO_3 浓度	%	～5	化学分析	控制加水量	
		转型液流量	m^3/h	～0.3	流量计测量	调节阀门开度	
		吸附液流量	m^3/h	≤0.9	流量计测量	调节阀门开度	
		解析液流量	m^3/h	～0.3	流量计测量	调节阀门开度	
		退出点[U]	mg/L	～200	化学分析		
		解析终点[U]	mg/L	≤150	化学分析		

第三节　化工检修

学习目标：通过本部分的学习，使学员能够掌握重点项目的化工检修内容，具有编制检修计划并实施的能力。

一、检修项目的提出

对于大型六氟化铀容器，其涉及的物料量多、危险性大、使用频率高。国际上在大型六氟化铀容器使用寿命内持续对容器进行必要的检修与清洗，制定原则性的清洗检验规范，如美国的 ANSI N14.1《六氟化铀的运输包装》相关容器清洗验收要求。我国相关单位也制定了容器清洗检验标准要求 EJ/T307—1996《六氟化铀容器使用规定》，我国虽然已有数十年的相关实践经验，但从未将各单位对清洗大型六氟化铀容器均未形成系统完成的技术方法，存在清洗成本昂贵、清洗废液量大、废水成分复杂、处理难度大等不足。而目前国内尚未有见到关于 14.5 m^3 大型内冷式冷凝器清洗报告。

由于 14.5 m^3 冷凝器内部结构复杂，常规清洗方法无法将冷凝器中的固体杂质去除。为确保 14.5 m^3 冷凝器安全、稳定运行，需对 14.5 m^3 大型内冷式六氟化铀冷凝器进行清洗技术研究。

二、清洗技术

1）总体思路

由于国家能源结构的调整和核工业的迅猛发展，铀转化产业随之进入发展快轨道，同时对大型六氟化铀冷凝器的安全运行提出了更高的要求。作为国内首次工程化应用的 14.5 m^3 冷凝器在铀转化Ⅰ期工程中已连续运行长达 4 年多，在冷凝器中沉积着大量难挥发性、难溶性固体杂质。这些杂质长期累积在冷凝器中，一方面部分杂质随产品进入 3 m^3 产品容器中并不断积累，导致产品容器使用周期缩短（3 m^3 产品容器固体残存料大于 22 kg 时必须清洗），增加产品容器清洗成本，再者杂质进入 3 m^3 产品容器中影响产品质量；另一方面固体杂质堵塞容器六氟化铀出口，致使产品转移不彻底，或随产品进入液相管道堵塞液相阀门，若处理不当可能致使液相管道破裂，造成大量液态六氟化铀泄漏事故，存在极大的安全风险。为实现 14.5 m^3 冷凝器在铀转化工艺过程中安全、稳定运行，满足铀转化产业发展对六氟化铀冷凝器的使用要求，开展了《14.5 m^3 大型内冷式六氟化铀冷凝器清洗研究》科研项目。

本项目针对 14.5 m^3 冷凝器在铀转化Ⅰ期工程应用中出现的液相转移不彻底以及液相转移不畅等异常情况，确定容器清洗方案，并依托铀转化生产线现有设备设施，在不影响正常生产的前提下，先选取一台 14.5 m^3 冷凝器（共五台）作为试验对象，建立一套 14.5 m^3 冷凝器固体杂质清洗系统。通过碳酸钠溶液清洗、自来水清洗、软化水润洗等清洗步骤，将 14.5 m^3 冷凝器内部沉积的大部分固体杂质去除。再经氮气干燥、通氟测漏钝化，将清洗后的 14.5 m^3 冷凝器重新连接至铀转化生产系统，通过 14.5 m^3 冷凝器的安全性能验证，验证容器清洗对六氟化铀升温、液相产品转移等各阶段运行以及产品质量的影响程度。若清洗后，在产品质量不受到影响下，14.5 m^3 冷凝器各阶段运行状况有所改善，则按照试验方案对剩余四台 14.5 m^3 冷凝器组织清洗工作。

2）技术方案

A）试验原理

14.5 m^3 冷凝器清洗过程主要是碳酸钠溶液和六氟化铀及铀中间氟化物的反应,还有一些物理溶解和化学反应。主要反应机理如下：

$$UF_6+2H_2O \rightarrow 4HF+UO_2F_2 \tag{1}$$

$$HF+Na_2CO_3 \rightarrow NaF+NaHCO_3 \tag{2}$$

$$UO_2F_2+3Na_2CO_3 \rightarrow Na_4[UO_2(CO_3)_3]\downarrow+2\,NaF \tag{3}$$

与杂质金属反应主要一部分生成金属离子的碳酸物沉淀,例如与 Ca^{2+}反应生成 $CaCO_3$ 沉淀。另一部分溶解在碳酸钠溶液,清洗过程中,通过清洗液的循环将 14.5 m^3 冷凝器内的杂质不断带出,从而达到去除 14.5 m^3 冷凝器内部杂质的目的。

B）试验流程

14.5 m^3 冷凝器清洗流程如图 6-1 所示,具体步骤如下：

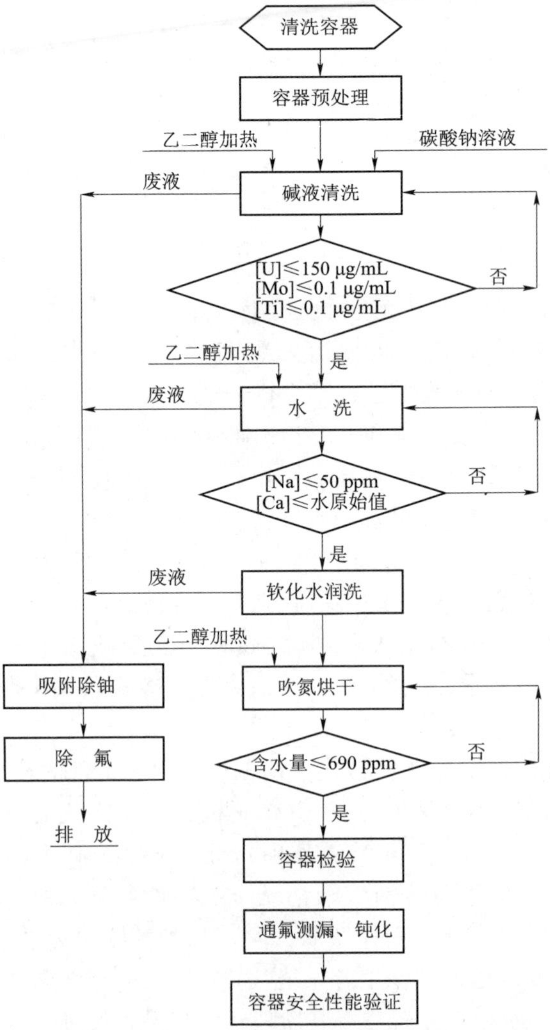

图 6-1　14.5 m^3 冷凝器清洗流程

（1）容器清洗前预处理。

利用六氟化铀在 101.325 kPa 下，加热到 56.4 ℃时，六氟化铀可不经熔化而直接升华的性质，向 14.5 m^3 冷凝器的内盘管通入 95 ℃乙二醇水溶液对其进行升温，使容器内残余的六氟化铀以气态形式转移至其他冷凝器中。之后，开启 N_2 进口阀向 14.5 m^3 冷凝器内吹 N_2 进行置换。置换结束后将 14.5 m^3 冷凝器从生产系统中隔离出来，系统管道端口用盲板密封。

（2）碱液清洗

向配碱槽加入一定量的生产用水，加入相应重量的工业级碳酸钠，配置浓度为 5%的碳酸钠溶液（取样分析碱液中杂质元素含量），从碱液槽底部通入蒸汽进行加热，以加速碳酸钠的溶解。

开启清洗容器碱液进口阀及容器放空阀，启动离心泵，将配置好的 5%浓度的碳酸钠溶液输送至冷凝器中，同时开启清洗容器热乙二醇循环系统，维持容器内温度在 50～70 ℃，使碱液在清洗容器及碱液槽中循环清洗 6 h。碱液循环过程中，用 pH 试纸测量清洗液的 pH，若清洗液的pH接近7，向碱液槽中加入一定量工业碳酸钠，确保清洗液保持在碱性。碱液循环清洗 6 h 后，关闭清洗容器的出口阀门，使清洗液在清洗容器中浸泡 18 h，之后，开启清洗容器的出口，用氮气将清洗废液全部压至碱液槽中。取清洗废液进行金属铀及杂质元素分析，之后将清洗废液用离心泵输送至离子交换岗位进行处理。

清洗废液全部输送至离子交换岗位后，再次配置 5%的碳酸钠溶液按上述步骤，重新进行碱液清洗及浸泡，直至连续两次碱洗废液中金属铀及杂质元素含量相差不大，且满足[U]≤150 μg/mL，[Ti]≤0.1 μg/mL，[Mo]≤0.1 μg/mL，[Ca]不高于清洗液原始值，视为碱液清洗合格。

（3）水洗

碱液清洗合格后，向碱液槽中加入生产用水（取样分析碱液中杂质元素含量），同时开启清洗容器热乙二醇循环系统，维持容器内温度在 50～70 ℃，利用生产用水对 14.5 m^3 冷凝器进行循环冲洗 6 h 后，关闭清洗容器的出口阀门，使生产用水在清洗容器中浸泡 18 h（生产用水注满冷凝器约 80%左右），之后开启清洗容器的出口，用氮气将清洗后废液全部压至碱液槽中。取清洗废液进行金属铀及杂质元素分析，之后将清洗废液用离心泵输送至离子交换岗位进行处理。再次按上述步骤，重新进行生产用水循环冲洗及浸泡，直至连续两次清洗废液中金属铀及杂质元素含量相差不大，且满足[U]≤150 μg/mL，[Ti]≤0.1 μg/mL，[Mo]≤0.1 μg/mL，[Na]≤50×10^{-6}，[Ca]不高于清洗液原始值，视为水洗合格。

（4）软化水润洗

水洗合格后，向碱液槽中加入一定量的软化水，关闭清洗容器的液相出口阀门，用软化水润洗清洗容器一遍，之后开启清洗容器的液相出口阀门，将润洗后的软化水输送至离子交换岗位处理。

（5）氮气烘干

软化水润洗之后，关闭放空阀，开启清洗容器氮气进口阀门，向冷凝器内吹 N_2，同时向冷凝器通热乙二醇水溶液，使冷凝器内保持较高温度（90～100 ℃），保证冷凝器内的水分具有较高的蒸发速率。每隔 2 h 在 N_2 出口用测露仪进行测含水量，直至水分含量小于 690×10^{-6}，视为 14.5 m^3 冷凝器内已烘干，停止吹 N_2。

(6) 容器检查

氮气烘干后,拆卸 14.5 m^3 冷凝器气、液相阀门(重新解体清洗、脱脂),用强光手电通过阀门口对清洗后容器内部进行检查,检查确认容器内部清洁、干燥、无污垢、无腐蚀。并选取 14.5 m^3 冷凝器各部件关键点进行壁厚测量,检验容器清洗对 14.5 m^3 冷凝器各部件的腐蚀情况。安装气、液相阀门,将 14.5 m^3 冷凝器重新连接至铀转化生产线生产系统,并恢复生产状态。

(7) 通氟测漏及钝化

清洗后 14.5 m^3 冷凝器重新接入生产系统后,用氮气置换 1 h,确保容器内部空气置换干净。从电解制氟岗位经氟化岗位引入一定量的氟气进入容器及进、出口管道,用湿润的 KI-淀粉试纸对其进行管道、阀门测漏。测漏合格后,开启热乙二醇循环系统,维持容器内温度约为 80 ℃,关闭容器出口阀门,继续引入氟气,使容器内压力维持在 20 kPa,静态钝化 24 h。之后,开启生产工艺短线相关阀门,将氟气排放至尾气处理工序,并用氮气置换 1 h 后,关闭热乙二醇循环系统,降温备用。

(8) 容器安全性能验证试验

基于安全方面考虑,在清洗后冷凝器正常投入使用前,需对其进行安全性能验证试验,测试分 3 个六氟化铀装填量进行,依次分别进行 10 t、19 t 和 28.5 t 填装量的测试,其中 28.5 t 的填装量测试 3 次。即使用清洗过的 14.5 m^3 冷凝器按照正常工艺流程接收六氟化铀,当 14.5 m^3 冷凝器装填量达到规定值后,停止六氟化铀产品接收,经释压净化、升温液化、恒温液化等步骤后进行液相取样及转移操作。

安全性能验证试验过程中,统计 14.5 m^3 冷凝器在各个生产阶段及操作过程中的运行参数,验证清洗过程对 14.5 m^3 冷凝器各运行阶段、安全运行、产品质量的影响。

另外,为验证容器清洗是否对内盘管造成轻微腐蚀泄漏,考虑到若存在内盘管腐蚀微露情况,必然有微量的金属铀通过内盘管进入乙二醇溶液中,因此在安全性能验证试验过程中,每隔 2 h 在冷冻、加热岗位采集乙二醇溶液进行金属铀含量测量,若连续 24 h 金属铀含量均低于仪表测量范围(<0.05 μg/mL) 则改为每 6 h 测量一次。

(9) 清洗废液的处理

容器清洗后的废液依托铀转化Ⅰ期工程现有离子交换岗位现有设备设施进行除铀处理。在 14.5 m^3 冷凝器清洗过程中,将清洗后的废液输送至离子交换岗位的废液储罐。当废液储罐的液位达到 1 800 mm(对应废液体积约 8 m^3)时,切换至备用储罐进行废液接收。由于清洗废液中金属铀的浓度不同(离子交换岗位处理废液要求[U]≤1 000 μg/mL),在碳酸钠清洗前期,需根据废液中金属铀的浓度进行稀释处理,以满足离子交换岗位处理要求。

根据废液储罐的废液中碳酸根离子、碳酸氢根离子的含量和 pH 进行调配,即采用 20% 氢氧化钠溶液将废液中的[HCO_3^-]调配至不超过 4.0 g/L,pH 为 10～10.5。经调配后的待处理液用离心泵输送至高位槽,经过滤后,澄清液经扬液器进入两级串联离子交换柱进行树脂吸附。调节离子交换柱进驻废液流量,并定期从离子交换柱底部采集尾液进行分析铀、氟、碳酸根、碳酸氢根和氯离子含量,确保离子交换柱处于良好的吸附状态(若取样分析尾液中金属铀含量呈直线上升,证明离子交换柱达到“穿透”,此时需切换离子交换柱进行吸附,并对“饱和”的离子交换柱进行解析操作)。

C）试验过程及步骤

（1）试验对象及场地的选择

根据5台14.5 m^3冷凝器各自运行状况，结合冷凝液化厂房三楼平台设备布局，按照如下所述三项原则，进行实验对象及场地的选择。

a）14.5 m^3冷凝器六氟化铀液相转移不彻底、转移不畅等异常情况最为突出；

b）场地空间位置相对较大，易于布置试验系统；

c）可以实现就近连接清洗所需的生产上水、蒸汽等清洗所需资源。

综上所述：选取C-01/1台冷凝器及C-01/1对面空间场地作为试验对象及场地。

（2）C-01/1冷凝器清洗前的预处理

为降低C-01/1冷凝器清洗过程中六氟化铀产品的流失，保障清洗过程的安全性，清洗前需对C-01/1进行容器预处理，具体步骤如下：

a）检查C-01/1容器及相应管道附属阀门均处于关闭状态（见图6-2）。

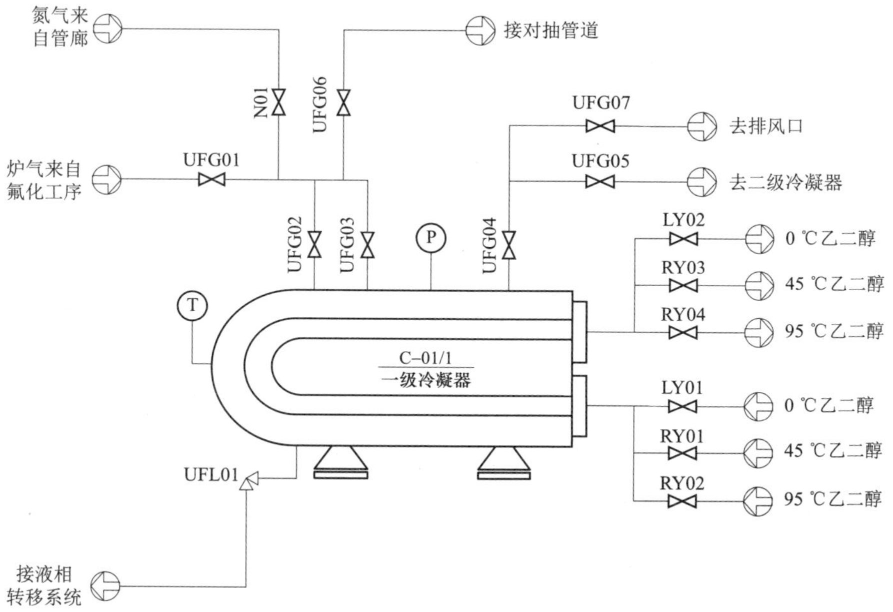

图6-2　清洗前C-01/1生产系统示意图

b）开启内盘管加热装置95 ℃乙二醇循环系统RY02、RY04进、出口阀门，通知冷冻岗位为C-01/1内盘管装置输送95 ℃乙二醇溶液（设定乙二醇温度为100～110 ℃），对C-01/1进行升温，使容器内残余的六氟化铀升华；

c）开启C-01/1冷凝器气相出口UFG04、UFG05阀门，使容器中残余的六氟化铀以气相形式转移至二级冷凝器中；

d）维持C-01/1冷凝器容器内温度为95～100 ℃，待C-01/1电子秤显示值持续2 h不降低，视为残余六氟化铀气相转移结束；

e）继续维持气相转移状态6 h，以尽量降低容器内残余六氟化铀含量，之后停止热乙二醇循环及气相转移，关闭RY02、RY04、UFG04、UFG05阀门；

f）开启UFG02（或UFG03）、UFG04、UFG07阀门，开启C-01/1氮气进口N01阀门，

对 C-01/1 吹氮置换 2 h,将容器内残余的氟气、氟化氢、六氟化铀等气体置换干净;

g) 氮气置换结束后,按图 6-2 所示,拆除部分工艺管道及阀门,将 C-01/1 冷凝器从生产系统中隔离出来,系统管道端口用盲板密封;

h) 在冷凝器及管道上选取 7 个点测量壁厚。

(3) C-01/1 冷凝器清洗系统的建立

如图 6-3 所示建立 C-01/1 冷凝器清洗系统,具体要求如下:

a) 选取扬程 10 m,流量 6 m^3/h 隔膜离心泵一台;体积为 3 m^3 的配碱槽(2 000 mm×1 000 mm×1 500 mm) 一台,容器内部衬胶并安装液位计;

b) 生产上水从液化岗位三楼生产用水总管用胶皮管引入碱液槽;

c) 蒸汽从液化岗位蒸汽回水管道用胶皮管引入碱液槽底部;

d) 工业碳酸钠吊装至液化岗位三楼平台,备用;

e) 拆除 C-01/1 气相 UFG01、UFG03、UFG06 阀门,并在阀门法兰口安装盲板密封;

f) 从离心泵出口分为两根支管,一支管作为清洗废液管道连接至液化岗位尾气间废液管道,并由此输送至离子交换岗位;另一只接入 UFG01 阀门法兰口,并由此连接至 C-01/1 容器进口阀门;

g) 拆除 C-01/1 液相出口阀门 UFL01 至液相转移系统之间管道,并用管道引入碱液槽及排风口;

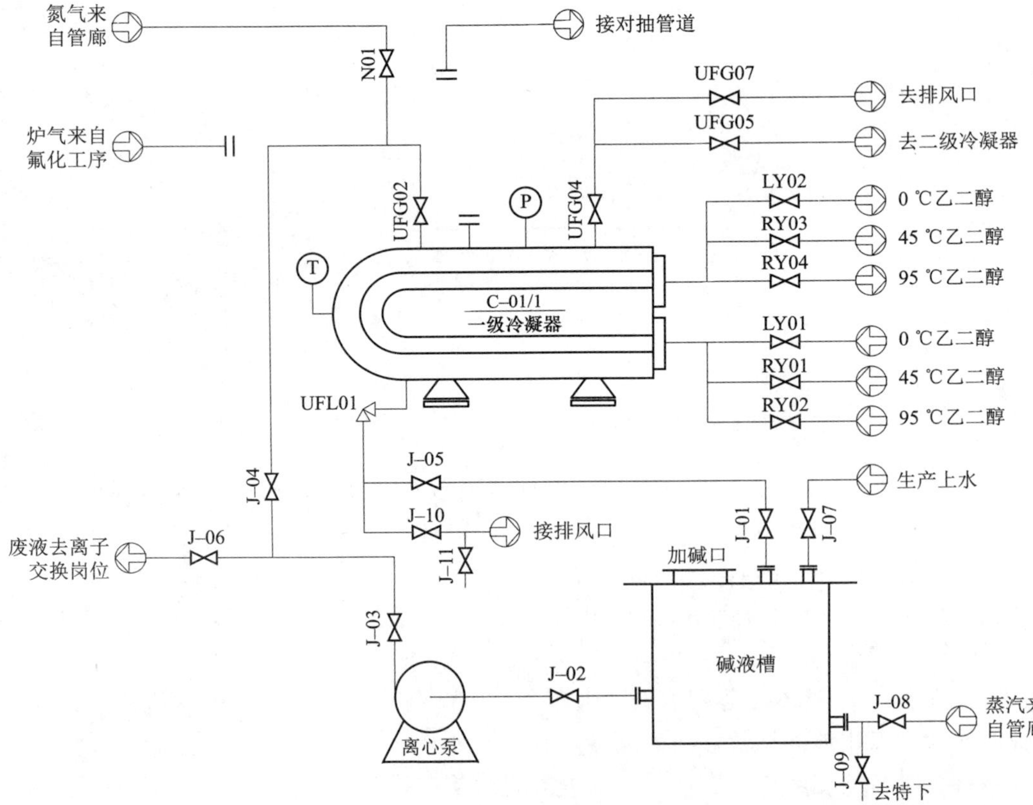

图 6-3 C-01/1 冷凝器清洗系统示意图

h）在清洗系统管道上安装 J-01～J-11 阀门，其中 J-01～J-06 阀门为隔膜截止阀，J-07～J-11 为普通截止阀；

i）清洗系统所用管道为波纹钢管，安装之前需对其进行酸洗钝化，以去除管道内铁锈及其他杂物；

j）离心泵进口安装过滤器，防止清洗液中杂质堵塞离心泵；

k）清洗系统管道安装完毕后，用氮气经行测漏，确保系统密封性。

（4）碱液配置

a）开启 J-07 上产上水进口阀门，向碱液槽中加入自来水，当液位达到 1 000 mm(对应 2 m^3 自来水)时，关闭 J-07 阀门；

b）通过加减口加入 2 袋(100 kg)，配置浓度约为 5%的碳酸钠溶液；

c）开启蒸汽入口 J-08 阀门对碳酸钠溶液进行加热机搅拌，以加速其溶解速度，待碳酸钠溶液完全溶解后，关闭 J-08 阀门。

（5）碱液清洗

碱液配置完后，向 C-01/1 冷凝器中注入碳酸钠溶液进行碱液清洗，具体步骤如下：

a）开启 C-01/1 冷凝器热乙二醇循环系统进、出口 RY02、RY04 阀门，维持容器内温度在 50～70 ℃，并将 C-01/1 电子秤调零；

b）开启 J-01～J-05、UFG02 阀门，开启 UFG04、UFG07 放空阀门，启动离心泵，将碱液输送至 C-01/1 中；

c）开启 C-01/1 液相出口 UFL01 阀门，使 C-01/1 中的清洗液返回至碱液槽中，循环进行清洗；

d）每 5 min 从加碱口采集清洗液，用 pH 试纸测量清洗液的 pH，若清洗液的 pH 接近 7 时，往碱液槽中加入工业碳酸钠，确保清洗液呈碱性，直至连续 3 次清洗液均呈碱性，则改为 30 min 测量一次清洗液的 pH；

e）保持碱液循环清洗 6 h 后，关闭 C-01/1 液相出口 UFL01 阀门，将碱液槽中的清洗液(确保清洗液 pH 为 9 左右)全部输送至 C-01/1 冷凝器中，之后关闭离心泵，使清洗液在清洗容器中浸泡 18 h；

f）清洗液浸泡 18 h 后，开启 C-01/1 液相出口 UFL01 阀门，关闭 UFG04、UFG07 放空阀门，开启氮气进口 N01 阀门，用氮气将清洗废液全部压送至碱液槽，并记录 C-01/1 电子秤显示值(清洗出的固体杂质重量)；

g）取清洗废液进行金属铀及杂质元素分析；

h）开启 J-02、J-03、J-06 阀门，启动离心泵，将清洗废液输送至离子交换岗位，之后停止离心泵运行，关闭 J-02、J-03、J-06 阀门；

i）等待清洗废液的分析结果，若废液中不满足[U]≤150 μg/mL，[Ti]≤0.1 μg/mL，[Mo]≤0.1 μg/mL，[Ca]不高于清洗液原始值的条件，视为碱液清洗为合格，则按上述步骤重新进行碱液清洗，直至碱液清洗合格。

（6）水洗

碱液清洗合格后，向 C-01/1 中加入约 15 t 自来水，并进行循环清洗及浸泡，具体步骤如下：

a）开启 C-01/1 冷凝器热乙二醇循环系统进、出口 RY02、RY04 阀门，维持容器内温度

在 50～70 ℃,并将 C-01/1 电子秤调零;

b) 开启 J-07 阀门,向碱液槽中注入生产用水;

c) 开启 J-01～J-05、UFG02 阀门,开启 UFG04、UFG07 放空阀门,启动离心泵,将生产用水输送至 C-01/1 中,直至 C-01/1 电子秤显示重量为 15 t 左右;

d) 开启 C-01/1 液相出口 UFL01 阀门,使 C-01/1 中的清洗液返回至碱液槽中,循环进行清洗,调节 UGL01 阀门开度,防止清洗液溢出;

e) 保持生产用水循环清洗 6 h 后,关闭 C-01/1 液相出口 UFL01 阀门,将碱液槽中的清洗液(确保清洗液 pH 为 9 左右)全部输送至 C-01/1 冷凝器中,之后关闭离心泵,使清洗液在清洗容器中浸泡 18 h;

f) 清洗液浸泡 18 h 后,开启 C-01/1 液相出口 UFL01 阀门,关闭 UFG04、UFG07 放空阀门,开启氮气进口 N01 阀门,用氮气将清洗废液分批次全部压送至碱液槽,并记录 C-01/1 电子秤显示值(清洗出的固体杂质重量);

g) 取清洗废液进行金属铀及杂质元素分析;

h) 开启 J-02、J-03、J-06 阀门,启动离心泵,将清洗废液输送至离子交换岗位,之后停止离心泵运行,关闭 J-02、J-03、J-06 阀门;

i) 等待清洗废液的分析结果,若废液中不满足[U]≤150 μg/mL,[Ti]≤0.1 μg/mL,[Mo]≤0.1 μg/mL,[Na]≤50×10^{-6},[Ca]不高于清洗液原始值的条件,视为水洗不合格,则按上述步骤重新进行水洗,直至清洗费耶分析合格。

(7) 软化水润洗

水洗合格后,向 C-01/1 中加入约 1.5 t 软化水,对清洗后容器进行润洗,具体步骤如下:

a) 开启 C-01/1 冷凝器热乙二醇循环系统进、出口 RY02、RY04 阀门,维持容器内温度在 50～70 ℃,并将 C-01/1 电子秤调零;

b) 开启 J-07 阀门,用自来水冲洗,开启 J-02、J-03、J-06 阀门,启动离心泵,将冲洗液输送至离子交换岗位,之后停止离心泵运行,关闭 J-02、J-03、J-06 阀门,开启 J-09 阀门,用胶皮管将碱液槽中残余冲洗液排往特下;

c) 将约 1.5 t 软化水通过加减口注入碱液槽中,开启 J-01～J-05、UFG02 阀门,开启 UFG04、UFG07 放空阀门,启动离心泵,将软化水输送至 C-01/1 中,直至 C-01/1 电子秤显示重量为 1 t 左右;

d) 开启 C-01/1 液相出口 UFL01 阀门,使 C-01/1 中的软化水返回至碱液槽中,循环进行清洗,调节 UFL01 及 UGL02 阀门开度,确保碱液槽维持一定液位,防止离心泵空转;

e) 保持软化水循环清洗 2 h 后,停止碱液泵运行,关闭 J-04 阀门、UFG04、UFG07 放空阀门,开启 N01 氮气阀,用氮气将 C-01/1 中软化水全部压送至碱液槽中,之后关闭 N01 氮气阀,并记录电子秤显示值;

f) 开启 J-06 阀门,启动离心泵,将润洗后的软化水输送至离子交换岗位,之后停止离心泵运行,关闭 J-02、J-03、J-06 阀门;

g) 碱液槽中残余液体,通过 J-09 阀门,用胶皮管排往特下。

(8) 吹氮烘干

软化水润洗后,向 C-01/1 中通入氮气,将容器中的水分载带至排风口,具体步骤如下:

a) 开启 C-01/1 冷凝器 95 ℃乙二醇循环系统进、出口 RY02、RY04 阀门,维持容器内温度在 80～90 ℃；

b）开启 UFG02、UFL01 阀门，开启氮气进口 N01 阀门，向 C-01/1 冷凝器充入氮气，待 C-01/1 压力表显示正压时，开启 J-09 阀门，将氮气排入排风口；

c）每隔 2 h 开启 J-11 阀门，用测露仪进行测含水量，直至水分含量小于 690×10^{-6}，说明冷凝器内已干燥，停止吹 N_2，关闭氮气进口 N01 阀门以及 UFG02、UFL01 阀门。

（9）容器检查

吹氮烘干后，需对清洗后的容器进行内部检查并测量容器关键点壁厚，具体内容如下：

a）拆卸 UFG02、UFL01、UFG04 阀门，通过阀门法兰口，用强光手电通过阀门口对清洗后容器内部进行检查，检查确认容器内部清洁、干燥、无污垢、无腐蚀；

b）选取 UFG02、UFG03、UFG04 以及 UFL01 阀门靠近容器的短管处测量管道壁厚；

c）将 UFG01～UFG04、UFG06、UFL01 阀门解体，进行清洗、脱脂，将 C-01/1 冷凝器重新接入生产系统，恢复生产状态。

（10）通氟测漏及钝化

C-01/1 吹氮置换后，对 C-01/1 进行测漏及钝化，具体步骤如下：

a）开启 C-01/1 冷凝器 95 ℃乙二醇循环系统进、出口 RY02、RY04 阀门，维持容器内温度约为 80 ℃；

b）开启 UFG01～UFG04、UFG07 阀门、氮气进口 N01 阀门，对 C-01/1 吹氮置换 1 h，确保内部空气置换干净；

c）开启 UFG01～UFG05 阀门，检查确认 UFG06、UFG07 以及 UFL01 阀门处于关闭状态，通知氟化岗位充氟测漏，来自电解制氟岗位的氟气经氟化工序，进入 C-01/1 冷凝器中，并通过二级冷凝器进入尾气处理工序；

d）用湿润的 KI—淀粉试纸对 C-01/1 冷凝器附属管道阀门进行测漏；

e）测漏合格后，关闭 UFG04 阀门，当冷凝器压力表显示值约为 20 kPa 时，通知氟化工序停止充氟，关闭 UFG01～UFG03，静态钝化 24 h；

f）氟气钝化后，开启 UFG04、UFG05 阀门，将氟气经二级冷凝器排放至尾气处理工序，并用氮气置换 1 h 后，关闭 95 ℃乙二醇循环系统进、出口 RY02、RY04 阀门，降温备用。

（11）容器安全性能验证试验

基于安全方面考虑，在清洗后冷凝器正常投入使用前须对其进行安全性能验证试验，测试分 3 个六氟化铀装填量进行，依次分别进行 10 t、19 t 和 28.5 t 填装量的测试，其中 28.5 t 的填装量测试 3 次。即使用清洗过的 14.5 m^3 冷凝器按照正常工艺流程接收六氟化铀，当冷凝器装填量达到规定值后，停止六氟化铀产品接收，经释压净化、升温液化、恒温液化后进行液相取样及转移操作，具体步骤如下：

a）六氟化铀接收前准备。冷凝器接收六氟化铀产品前 0.5 h，开启冷凝器出口阀门 UFG04 及 UFG05，开启 0 ℃乙二醇系统进、出口阀门 LY01、LY02，调整乙二醇进口阀门 LY01，控制冷凝器瓶内温度为 15～30 ℃，瓶内压力为平压。将冷凝器电子秤复零；

b）六氟化铀的接收。开启 C-01/1 进口阀门 UFG01、UFG02 及 UFG03，开始冷凝接收六氟化铀，直至 C-01/1 冷凝器装填量达到要求值，关闭 C-01/1 进、出口阀门 UFG01、UFG02、UFG03、UFG04 及 UFG05；

c）六氟化铀向 45 ℃升温。当 C-01/1 冷凝器装填量达到要求值，将 0 ℃乙二醇系统切换成 45 ℃乙二醇系统，关闭冷乙二醇进、出口阀门 LY01、LY02，开启 RY01、RY03 阀门对冷凝器内部六氟化铀向 45 ℃升温。通知冷冻、加热岗位将 40 ℃乙二醇系统进口温度设定为(60±5)℃；

d) 六氟化铀释压净化。当冷凝器瓶内温度达到 45 ℃，并恒温 3 h 后，开启 UFG02(或 UFG03)、UFG06 阀门，通过对抽管道将冷凝器中不冷凝性气体缓慢排至其他 14.5 m^3 冷凝器中。当 C-01/1 冷凝器电子秤下降(300±50)kg 时，视为释压净化结束。关闭 UFG02(或 UFG03)、UFG06 阀门；

e) 六氟化铀升温液化。冷凝器释压净化结束后，将 45 ℃乙二醇系统切换成 95 ℃乙二醇系统，关闭 RY01、RY03 阀门，开启 RY02、RY04 阀门，并通知冷冻、加热岗位降 95 ℃乙二醇设置为 100～105 ℃对六氟化铀继续升温；

f) 六氟化铀恒温均质化。当 C-01/1 冷凝器瓶内温度达到(93±3)℃，继续维持继续使用 95 ℃乙二醇系统加热，维持瓶内温度在(93±3)℃并恒温 15 h 以上，使六氟化铀产品液化均质化。恒温均质化过程中，通过调节加热介质控制冷凝器内压力及温度，严禁超温超压(温度≤100 ℃，压力≤400 kPa)；

g) 六氟化铀液相取样。当 C-01/1 冷凝器中六氟化铀恒温 15 h 以上时(为确保液相取样安全性，取样操作应安排在白天)，检查确认取样系统管道温度≥85 ℃，相关阀门开关状态无误后，开启 UFL01 阀门，开启取样系统相应阀门，将液态六氟化铀引入取样系统进行样品采集，样品送往分析室进行分析。样品采集后，关闭 UFL01 阀门，用带有负压的 14.5 m^3 冷凝器将取样管道中残余六氟化铀产品抽空。等待样品分析结果过程中，对 C-01/1 冷凝器继续使用 95 ℃乙二醇进行恒温；

h) 六氟化铀液相转移。六氟化铀样品分析合格后，检查确认液相转移系统管道温度≥85 ℃，相关阀门开关状态无误后，开启 UFL01 阀门，开启液相转移系统相应阀门，将液态六氟化铀转移至 3 m^3 产品容器中。转移结束后，关闭 UFL01 阀门，用带有负压的 14.5 m^3 冷凝器将取样管道中残余六氟化铀产品抽空；

i) 容器内残余六氟化铀气相转移。当 C-01/1 冷凝器中六氟化铀液相转移结束后，开启 UFG02(或 UFG03)、UFG06 阀门以及相应阀门，将 C-01/1 冷凝器中残余的六氟化铀以气态的形式转移至另一台 14.5 m^3 冷凝器中；

j) C-01/1 冷凝器降温备用。C-01/1 冷凝器内残余六氟化铀气相转移结束后，关闭 RY02、RY04 阀门，停止 95 ℃乙二醇加热，使 C-01/1 冷凝器自然降温，备用；

k) C-01/1 冷凝器运行过程中，每 0.5 h 记录一次冷凝器温度、重量、压力等参数，其中，六氟化铀液转过程中，每 10 min 记录一次冷凝器重量，每 2 h 测量一次乙二醇溶液中金属铀含量。

D) 清洗结果与讨论

通过容器预处理、5 次碱液、3 次水洗、自来水润洗、吹氮烘干、容器检查、通氟测漏及钝化、容器安全性能验证试验以及清洗废液处理等步骤，历时近一个月完成了 C-01/1 冷凝器的清洗，具体实验结论如下：

(1) 5 次碱液清洗累计清洗出固体杂质共 510 kg

在第一次碱洗过程中，碱液反应剧烈，当加入数百千克碱液时，冷凝器内温度缓慢上升(由 65 ℃升至 84 ℃)，在放空阀开启的状态下，压力逐渐升高(最高压力达到 0.04 MPa)，且刚流出的废液为绿色悬浊液呈酸性(pH 值为 2),多次添加工业碱调配清洗液的 pH。第二次至第五次碱洗废液的颜色由绿色逐渐变为浅褐色,且清洗过程中废液始终呈碱性。5 次碱洗后废液中金属杂质分析结果如表 6-4 所示。

表 6-4　碱洗废液中杂质金属分析结果

分项 样来源	分析结果/(μg/ml)									
	Mo	Cr	Ti	Ni	Fe	Mg	Ca	Cu	Mn	U
碱液本底	<0.1	<0.2	<0.1	<0.1	2.6	22.1	35.6	<0.5	<0.5	—
第一次	3.2	249.1	104.9	97.5	7 338.0	69.8	105.0	183.0	103.4	17 380.0
第二次	<0.5	<2.5	<0.5	<0.5	32.3	5.2	22.8	<0.5	0.5	4 172.0
第三次	<0.1	0.2	<0.1	<0.1	7.8	5.5	11.0	<0.5	<0.5	517.5
第四次	<0.1	<0.2	<0.1	<0.1	8.6	6.1	15.6	<0.5	<0.5	130.1
第五次	<0.1	<0.2	<0.1	<0.1	9.9	7.0	15.1	<0.5	<0.5	120.6

由表 6-4 可知:第一次碱洗废液中各种杂质金属含量相对较高,第二次、第三次碱洗后,废液中的金属含量除 U、Fe、Mg、Ca 等含量相对较高,其余杂质金属含量与碱液本底含量几乎没有区别。Mg、Ca 为水中含有的主要元素,从后期分析结果可以看出其含量渐趋于稳定;由于用碳钢管间歇输送液体,管内必然有铁锈生成,所以 Fe 的含量一直相对较高;U 作为主要的监控指标之一,在浓度降至 120 μg/ml 附近后趋于稳定。

每次碱洗对洗前、洗后的电子秤显示值进行记录,由此计算出每次洗出的物质重量。记录结果如表 6-5 所示。

表 6-5　碱洗过程电子秤秤显记录表

碱洗次序	洗前秤显/kg	洗后秤显/kg	洗出物重/kg
第一次	0	−150	150
第二次	0	−140	140
第三次	0	−120	120
第四次	0	−90	90
第五次	0	−10	10
累计洗出物/kg	510		

每次洗前将秤清零,洗后记录电子秤显示值,经过五次碱洗,总共洗出 510 kg 物质。

(2) 容器清洗对冷凝器壁厚的影响

清洗前后,对冷凝器选取部分点测量壁厚如图 6-4 所示(冷凝器外部保温层不便测厚),以检验清洗过程对设备及管道的腐蚀情况。

清洗前后壁厚测量结果如表 6-6 所示。

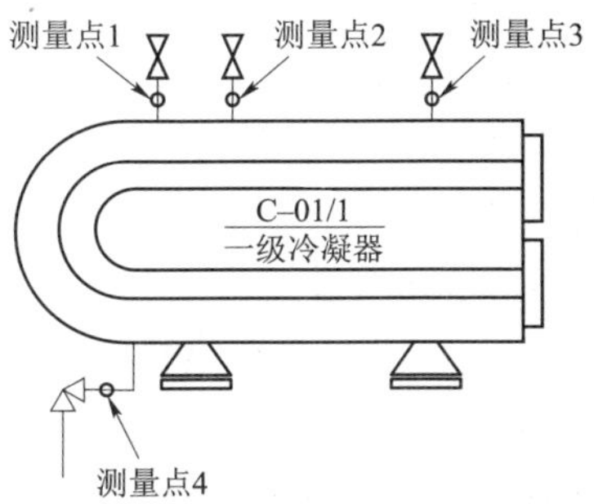

图 6-4　C-01/1 冷凝器壁厚测量点位置示意图

表 6-6　清洗前后容器及管道壁厚测量统计表　　单位：mm

测量点	清洗前				清洗后				管道尺寸
测量点 1	4.8	4.8	4.7	4.9	4.2	4.3	4.2	4.2	$\varphi108\times4$
测量点 2	4.9	4.8	4.8	4.7	4.7	4.6	4.7	4.8	$\varphi108\times4$
测量点 3	4.2	4.3	4.2	4.2	3.9	4.0	4.0	4.1	$\varphi57\times3.5$
测量点 4	5.9	5.9	5.7	5.8	5.1	5.2	5.2	5.1	$\varphi57\times5$

由表 6-6 统计的数据对比可看出：

a) C-01/1 清洗后，各测量点的壁厚均有不同程度的减薄。这是由于管道在长期运行中，管道内壁形成一层钝化膜及物料层，在容器清洗中，清洗液将钝化膜及物料层破坏掉，因此管道壁厚均有所减薄；

b) C-01/1 清洗后，各测量点的管道壁厚均高于管道的原始壁厚。说明清洗过程中，清洗液只破坏掉部分管道内壁的钝化膜及物料层，对管道本身并未产生较大的腐蚀；

c) C-01/1 清洗后，测量点 1 及测量点 4 管道厚度减薄最为严重，且 4 次管道厚度测量值较为均匀。这是由于测量点对应的管道为清洗液的进、出口通道，在清洗过程中，由于清洗液的冲刷清洗，管道内壁的钝化膜及物料层破坏较为彻底，因此管道厚度减薄量最大，且测量值较为均匀；

d) C-01/1 清洗后，测量点 2 管道壁厚减薄量最小。这是由于测量点 2 管道在清洗前，采用盲板进行密封，在清洗过程中，只有清洗过程中产生的酸性气体如 HF 等对管道内壁的钝化膜及物料层产生轻微破坏，且破坏程度较小；

e) C-01/1 清洗后，测量点 3 管道壁厚减薄量有所降低，且测量值存在波动。这是由于测量点 3 管道在清洗过程中，被当做气体排空通道，在清洗过程中，产生的酸性气体如 HF 等，对管道内壁的钝化膜及物料层产生破坏，且破坏程度不均匀；

f) 综上所述，可推断：清洗过程对容器内壁、盘管、翅片等结构的钝化层及物料层产生较大的破坏，对容器内部结构本身的腐蚀影响较为轻微。

(3) 清洗后容器安全性能验证结果

基于安全方面考虑，在清洗后冷凝器正常投入使用前须对其进行安全性能验证试验，测试分 3 个阶段进行，依次分别进行 10 t、19 t 和 28.5 t 填装量的测试，其中 28.5 t 的填装量测试 3 次。即使用清洗过的 14.5 m^3 冷凝器按照正常工艺流程接收六氟化铀，当冷凝器装填量达到规定值后，停止六氟化铀产品接收，经释压净化、升温液化、恒温液化后进行液相取样及转移等操作，重点验证清洗后 C-01/1 在各阶段运行过程中，是否能安全稳定运行，是否存在六氟化铀从管道或容器处泄漏等情况。如图 6-5(a、b、c) 所示，例举了 C-01/1 在装填量为 10 t 的各阶段运行数据统计。

从图 6-5(a、b) 中可以看出：

a) 清洗后 C-0/1 冷凝器，在六氟化铀接收、向 45 ℃升温、释压净化、升温液化、恒温液化、液相取样、液相转移等各运行阶段运行状态均较为良好，未出现六氟化铀向外泄漏的异常情况；

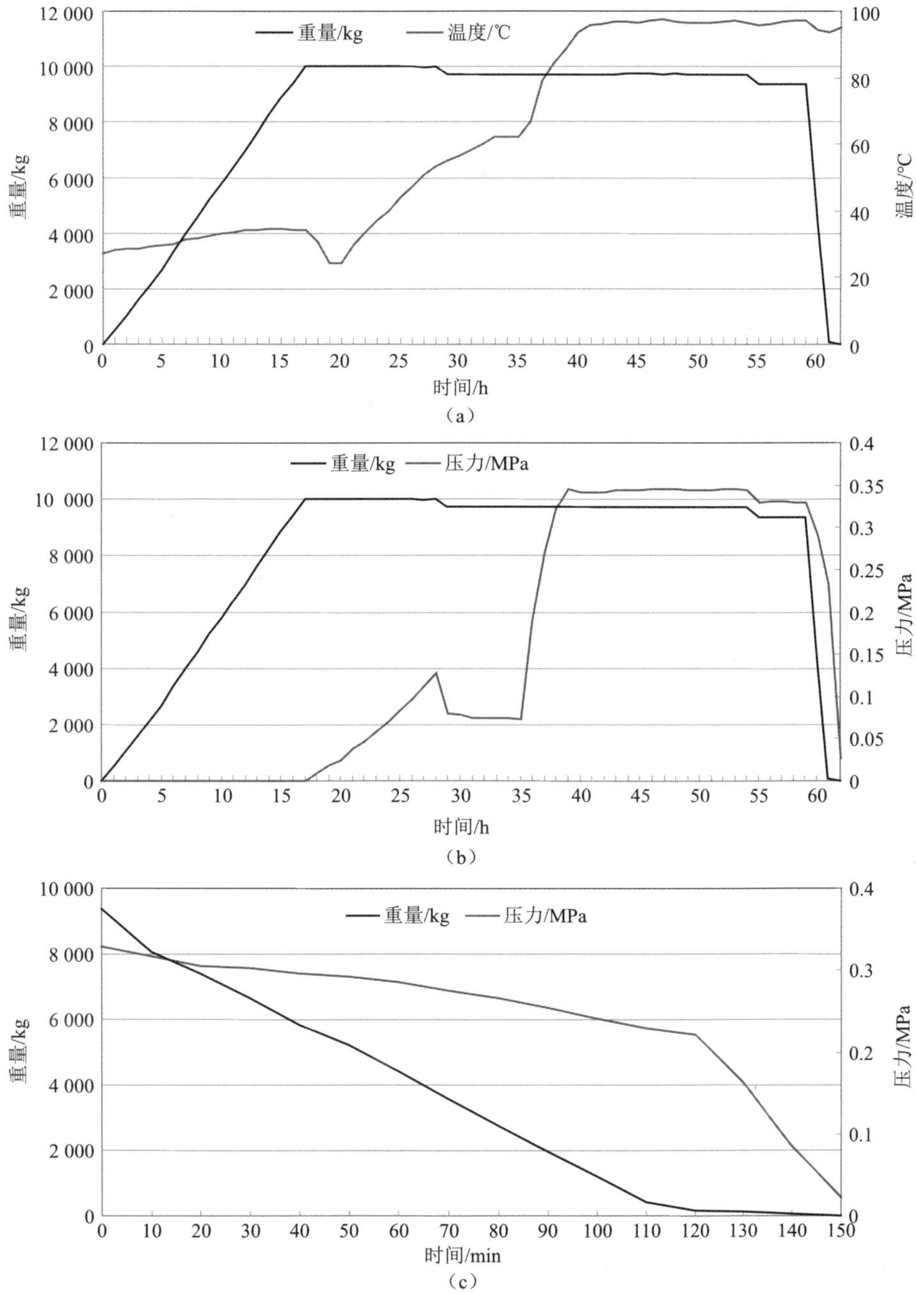

图 6-5

(a) C-01/1 冷凝器装填量为 10 t 的时间—重量—温度关系图;(b) C-01/1 冷凝器装填量为 10 t 的时间—重量—压力关系图;(c) C-01/1 冷凝器装填量为 10 t 的时间—重量—压力关系图

b) 图中 0～17 h 为 C-01/1 冷凝器六氟化铀接收阶段,在此阶段中,冷凝器接收速率较为平稳,瓶内温度维持在 27～35 ℃,瓶内压力接近平压,未出现进料不畅等异常情况;

c) 图中 17～26 h 为 C-01/1 冷凝器六氟化铀向 45 ℃升温阶段,在此阶段中,C-01/1 冷凝器停止接收初期,瓶内温度存在下降趋势,这是由于停止接收后,固态的六氟化铀逐渐黏附在冷凝器内盘管及翅片上,内盘管中的热乙二醇向外传递热量需要一定时间(测温点设置在冷凝器封头处)。从图中可看出,整个阶段升温速率及压力变化较为平稳,六氟化铀重量保持不变;

d) 图中 26～30 h 为 C-01/1 冷凝器六氟化铀释压净化阶段,在此阶段中,当瓶内温度达到 45 ℃后,继续升温 3 h 后进行释压净化操作,从图中时间—重量曲线可看出有明显的下降趋势(释压净化 270 kg) ,压力从 0.127 MPa 降至 0.08 MPa;

e) 图中 30～40 h 为 C-01/1 冷凝器六氟化铀升温液化阶段,在此阶段中,当瓶内温度达到62 ℃左右时,瓶内温度及压力存在约3 h的稳定阶段,这是由于在此温度下,六氟化铀达到三相点,期间六氟化铀需吸收大量热量以完成相变过程。六氟化铀经过三相点后,迅速向 90 ℃升温,同时瓶内压力也逐步上升至 0.34 MPa;

f) 图中 40～55 h 为 C-01/1 冷凝器六氟化铀恒温液化阶段,在此阶段中,瓶内温度维持在(93±3)℃,压力维持在 0.34 MPa,以确保六氟化铀的充分液化;

g) 图中 55～56 h 为 C-01/1 冷凝器六氟化铀液相取样阶段,通过采集六氟化铀液相样品用以分析产品质量是否合格,从图中可看出重量下降了约 340 kg,主要是使液相取样系统管道中充满六氟化铀以便于样品采集所需;

h) 图中 56～59 h 为六氟化铀样品中杂质分析所需时间,期间继续采用 95 ℃乙二醇溶液进行恒温,期间压力、温度变化不大;

i) 图中 59～60.5 h 为六氟化铀液相转移及残余六氟化铀气相转移阶段,为便于了解液相取样过程,每 10 min 记录一次一级冷凝器重量及压力变化,具体如图 6-5(c) 所示(瓶内温度变化不大,未作时间—重量—温度关系图),从图中可看出:整个六氟化铀液相转移过程 0～120 min 较为平稳,压力呈缓慢降低趋势,未出现转移不畅的异常情况。液相转移至 120 min 时,C-01/1 内剩余 180 kg 时,停止液相转移,开始残余六氟化铀气相转移,未出现液相六氟化铀转移不彻底的异常现象,期间向 3 m^3 产品容器共转移出 9 190 kg 六氟化铀产品。

另外,为验证清洗后 C-01/1 冷凝器内盘管是否存在腐蚀微露情况,在容器安全性能验证过程中,从冷冻、加热岗位采集乙二醇水溶液进行金属[U]测量,经持续测量分析乙二醇水溶液中[U]含量发现:[U]含量均低于在仪表能测量范围即[U]<0.05 μg/mL,证明清洗后 C-01/1 冷凝器内盘管不存在腐蚀微露情况。

(4) 容器清洗对产品质量的影响

将清洗后 C-01/1 接到生产系统,依次分别进行 10 t、19 t 和 28.5 t 填装量的测试,其中 28.5 t 的填装量测试 3 次。六氟化铀产品经升温释压、升温液化、恒温液化后取样分析,具体分析结果如表 6-7 所示:

表 6-7 产品质量分析结果

分析项目	分析结果/(μg/g U)						控制标准/(μg/g U)	是否合格
	清洗前	10 t	19 t	28.5(1)	28.5(2)	28.5(3)		
Ag	<0.5	<0.5	<0.5	<0.5	<0.5	<0.5	—	—
Al	1.8	0.7	0.8	0.7	0.6	1.2	—	—
Ba	<0.5	<0.5	<0.5	<0.5	<0.5	<0.5	—	—
Be	<0.5	<0.5	<0.5	<0.5	<0.5	<0.5	—	—

续表

分析项目	分析结果/(μg/g U)						控制标准/(μg/g U)	是否合格
	清洗前	10 t	19 t	28.5(1)	28.5(2)	28.5(3)		
Bi	<0.5	<0.5	<0.5	<0.5	<0.5	<0.5	—	—
Ca	2.6	39.7	11.4	8.7	3.8	3.2	—	—
Cd	<0.5	<0.5	<0.5	<0.5	<0.5	<0.5	—	—
Cr	<2.5	<2.5	<2.5	<2.5	<2.5	<2.5	—	—
Cu	23.2	15.3	8.8	7.4	4	4.8	—	—
Fe	8.3	24.4	12.5	20.7	7.8	13.2	—	—
K	<0.5	0.9	<0.5	<0.5	<0.5	<0.5	—	—
Li	<0.5	<0.5	<0.5	<0.5	<0.5	<0.5	—	—
Mg	<0.5	1.3	1.7	0.8	<0.5	<0.5	—	—
Mn	1.0	<0.5	<0.5	<0.5	<0.5	<0.5	—	—
Na	2.1	22.9	15.2	14.8	7.6	5.4	—	—
Ni	52.5	32	44.3	41.3	69.2	57.2	—	—
Pb	<0.5	<0.5	<0.5	<0.5	<0.5	<0.5	—	—
Sn	<0.5	3.0	<0.5	<0.5	<0.5	<0.5	—	—
Sr	<0.5	<0.5	<0.5	<0.5	<0.5	<0.5	—	—
Th	<1.0	<1.0	<1.0	<1.0	<1.0	<1.0	—	—
Zn	<0.5	<0.5	<0.5	<0.5	<0.5	<0.5	—	—
Zr	<0.5	<0.5	<0.5	<0.5	<0.5	<0.5	—	—
总量	<101.5	<149.2	<104.7	<104.4	<103.5	<95.5	<300	合格
As	<0.5	<0.5	<0.5	<0.5	<0.5	<0.5	0.5～3.0	合格
B	<0.5	<0.5	<0.5	<0.5	<0.5	<0.5	0.5～1.0	合格
Br	<0.5	<0.5	<0.5	<0.5	<0.5	<0.5	0.5～5.0	合格
Cr	<2.5	3.9	<2.5	<2.5	<2.5	<2.5	2.5～10	合格
Cl	<4.0	<4.0	<4.0	<4.0	<4.0	<4.0	5.0～100	合格
Si	<4.0	<4.0	4.49	<4.0	<4.0	<4.0	10～100	合格
Mo	<0.5	<0.5	<0.5	<0.5	<0.5	<0.5	0.5～1.4	合格
Nb	<0.5	<0.5	<0.5	<0.5	<0.5	<0.5	0.5～1.0	合格
P	<5.0	<5.0	<5.0	<5.0	<5.0	<5.0	5.0～50	合格
Ru	<0.5	<0.5	<0.5	<0.5	<0.5	<0.5	0.5～1.0	合格
Sb	<0.5	<0.5	<0.5	<0.5	<0.5	<0.5	10.0～100	合格
Ta	<0.5	<0.5	<0.5	<0.5	<0.5	<0.5	0.5～1.0	合格
Ti	0.6	<0.5	<0.5	<0.5	<0.5	<0.5	0.5～1.0	合格
V	<0.2	<0.2	<0.2	<0.2	<0.2	<0.2	0.2～1.4	合格
W	<0.5	<0.5	<0.5	<0.5	<0.5	<0.5	0.5～1.4	合格
UF_6	99.90	99.94	99.92	99.90	99.96	99.87	>99.5%	合格
卤代烃	<0.01	<0.01	<0.01	<0.01	<0.01	<0.01	<0.01	合格

由表 6-7 可知：

a）取样分析清洗后 5 次安全性能验证试验中的六氟化铀产品质量均满足《天然六氟化铀技术条件》GB/T 13375—2008 规定；

b）清洗后，六氟化铀产品中 Ca、Fe、Na 三项杂质元素相对于清洗前有所增加，但随着冷凝器装料次数的增加，杂质含量逐渐降低。这主要是因为 Mg、Ca 为水中含有的主要元素，清洗设备包括冷凝器主要材质为碳钢结构，清洗过程中不可避免产生轻度腐蚀，同时由于清洗后，冷凝器中尚存微量的水，所以冷凝器在清洗后投入使用的前几次产品中，Ca、Fe、Na 三项杂质元素相对较高，然而从后期分析结果可以看出，随着冷凝器装料次数的增加其含量必将渐趋于稳定，对产品质量的影响将逐步降低。

（5）容器清洗对六氟化铀产品捕集效率的影响

六氟化铀气体凝华捕集效率是考核六氟化铀冷凝器性能的一个重要指标。为精准地验证容器清洗对气态六氟化铀产品凝华捕集效率的影响，查询 C-01/1 冷凝器清洗前其中一次气态六氟化铀产品凝华捕集的历史记录，具体生产条件如下：

a）C-01/1 冷凝器接收来自 1 号立式炉生产的六氟化铀产品混合气；

b）1 号立式炉四氟化铀投料速率为 400～450 kg/h，气固比控制在(220～230):1；

c）C-01/1 冷凝器的装填量为 28 500 kg；

d）C-02/3 二级冷凝器接收 C-01/1 捕集后的工艺气体；

e）C-02/3 二级冷凝器接收前，容器内装有六氟化铀产品 200 kg。

在试验过程中，使 C-01/1 冷凝器六氟化铀捕集过程的生产条件与上述条件尽量保持一致，建立如图 6-6 所示的接收模式，

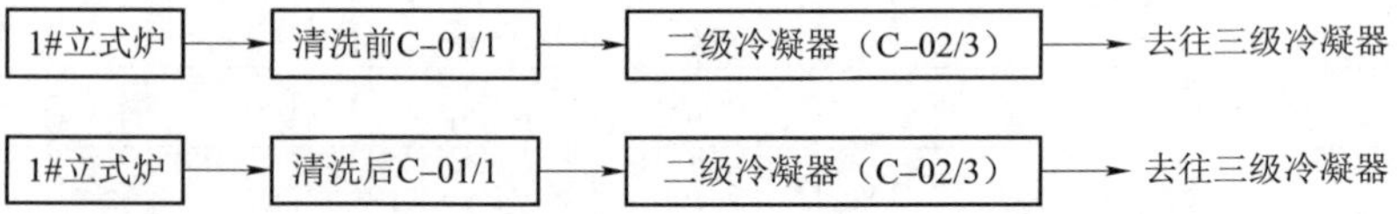

图 6-6 C-01/1 清洗前后，六氟化铀生产系统接收模式设置示意图

来自 1 号立式炉生产的六氟化铀产品混合气(含 UF_6、F_2、HF、N_2 等)经 C-01/1 冷凝捕集绝大部分六氟化铀产品后，未完全冷凝的工艺气体进入二级冷凝器 C-02/3 进行深度捕集，其中 C-02/3 冷凝器只接收来自 C-01/1 冷凝器捕集后的工艺气体。假设 C-01/1 冷凝器捕集接收物料增重为 m，C-02/3 二级冷凝器捕集物料增重为 n，则在该段时间内，C-01/1 冷凝器的凝华捕集效率约为 $m/(m+n)$。在四氟化铀投料速率为(400～450)kg/h，气固比控制在(220～230):1 的条件下，开展清洗后 C-01/1 冷凝器六氟化铀产品捕集效率验证试验。

按照上述方法计算 C-01/1 冷凝器对六氟化铀气体的凝华捕集效率，具体试验数据见表 6-8。

表 6-8 C-01/1 冷凝器清洗前后对六氟化铀气体捕集效率对比统计表

清洗前			清洗后		
C-01/1 冷凝器捕集量/kg	C-02/3 冷凝器捕集量/kg	C-01/1 冷凝器捕集效率	C-01/1 冷凝器捕集量/kg	C-02/3 冷凝器捕集量/kg	C-01/1 冷凝器捕集效率
0	200	—	0	200	—

续表

清洗前			清洗后		
C-01/1 冷凝器捕集量/kg	C-02/3 冷凝器捕集量/kg	C-01/1 冷凝器捕集效率	C-01/1 冷凝器捕集量/kg	C-02/3 冷凝器捕集量/kg	C-01/1 冷凝器捕集效率
1 000	225	97.561 0%	1 050	215	98.591 5%
3 000	265	98.039 2%	2 980	245	98.469 4%
5 000	305	98.039 2%	4 990	285	98.048 8%
7 000	355	97.561 0%	7 010	330	97.820 8%
9 000	400	97.799 5%	9 100	380	97.663 6%
11 000	450	97.561 0%	10 950	430	97.368 4%
13 000	495	97.799 5%	12 910	490	97.029 7%
15 000	545	97.561 0%	15 120	555	97.142 8%
17 000	610	96.852 3%	16 970	600	97.625 3%
19 000	680	96.618 3%	19 000	660	97.129 2%
21 000	745	96.852 3%	21 030	710	97.129 2%
23 000	810	96.852 3%	23 050	790	96.650 7%
25 000	880	96.618 3%	25 100	865	96.470 6%
27 000	960	96.153 8%	26 980	940	96.163 7%
28 500	1 030	95.541 4%	28 500	1 005	95.899 1%
平均捕集效率/%		97.161 7	平均捕集效率/%		97.280 2

为尽可能减小 C-01/1 冷凝器和 C-02/3 二级冷凝器称重电子秤精度(精度分别为 10 kg、5 kg) 对计算结果的影响,适当延长计量单位时间,确保单位时间内 C-01/1 内六氟化铀产品增重和 C-02/3 二级冷凝器内六氟化铀增重相对较大。由表 6-8 中数据可以看出:

a) 容器清洗后,C-01/1 冷凝器对气态六氟化铀的平均捕集效率略高于容器清洗前(容器清洗前后捕集效率分别为 97.161 7%和 97.280 2%),说明容器清洗稍微有助于冷凝器对气态六氟化铀的捕集;

b) C-01/1 冷凝器捕集接收六氟化铀至 7 010 kg 过程中,清洗后容器的捕集效率略高于容器清洗前,说明清洗过程可能将冷凝器内盘管及翅片上累积的一些残余固体层清洗掉,致使内盘管及翅片传热效率较高;

c) 随着六氟化铀捕集量的增加,固态六氟化铀不断黏附在内盘管及翅片上,且越积越厚,传热系数也将随之增加,因此,随着捕集量的增加,冷凝器对六氟化铀的捕集效率整体呈下降趋势。清洗后,冷凝器的捕集量达到 21 t 时,捕集效率仍大于 97%,而清洗前,冷凝器的捕集量达到 17 t 时,捕集效率已降至 97%以下。说明冷凝器内盘管及翅片上累积的一些残余固体层对冷凝器的传热效率具有一定影响。

(6) 容器清洗对六氟化铀产品液相转移过程的影响

14.5 m^3 冷凝器的规定接收量为 28 500 kg,释压净化后容器中的六氟化铀约有 28 200 kg,3 m^3 容器的规定装填量为 9 200 kg,充满液相转移管道需料 200 kg,液相取样时 740 L 过料 100 kg,因此,理论上液相取样及转移完成后 14.5 m^3 冷凝器内存在余料约 300 kg:(28 200−9 200×3−200−100)。而在实际生产中,液相转移到第三台 3 m^3 容器时存在装填量不满,冷凝器内产品剩余过多的现象(液相转移不彻底)。清洗后对冷凝器六氟化铀液相转移过程有较大的改善,具体表现在以下几个方面:

a) 容器清洗前,冷凝器中残余六氟化铀高达 2 870 kg,远高于理论计算值(约 300 kg);

b) 容器清洗前,六氟化铀转移过程存在转移不畅现象,从 50 min 开始,转移速率开始变缓,在 90～100 min 转移速率明显降低,100 min 时增大阀门开度,转移速率上升,仍在 110 min 时,转移速率再次明显降低,至 200 min 后,液相六氟化铀基本转移不出(40 min 仅转移出 970 kg 产品);

c) 容器清洗后,冷凝器中残余六氟化铀为 260 kg,与理论计算值(约 300 kg) 相符,液相转移不彻底现象得到较好解决;

d) 容器清洗后,六氟化铀转移速率较为平稳,期间未出现转移不畅现象,整个液相转移过程耗时 210 min,比容器清洗前节约时间 50 min。

E) 结论

(1) 14.5 m^3 冷凝器经容器清洗前预处理、碱洗、水洗、软化水润洗后,能去除冷凝器底部沉积的大部分固体杂质(510～620 kg);

(2) 容器清洗后,在一定程度上解决了六氟化铀液相转移不畅、转移不彻底的技术难题;

(3) 容器清洗对冷凝器内部结构腐蚀较小,对容器内壁钝化层及物料层造成较大破坏;

(4) 容器清洗后,14.5 m^3 冷凝器对气态六氟化铀捕集效率影响不大,且略有提高(容器清洗前后平均捕集效率分别为 97.161 7%和 97.280 2%);

(5) 容器清洗对六氟化铀产品质量影响不大,虽然初次使用过程中六氟化铀产品中 Ca、Fe、Na 三项杂质元素相对偏高,但满足 GB/T 13375—2008《天然六氟化铀技术条件》技术规定,且随着冷凝器装料批次的增加其含量呈下降趋势;

(6) 容器清洗改善了六氟化铀液相转移操作过程,缩短转移时间。

第七章　培训高级技师技能

第一节　六氟化铀生产工艺培训

学习目标：通过本部分的学习，使学员了解培训计划、培训资料的编写要求，具有培训和指导六氟化铀生产从业人员操作的能力。

一、培训组织

为了使每位员工都能胜任本职工作，必须对他们进行培训，培训的内容由公司制定，培训的内容包括铀纯化转化工艺知识和核安全等方面的基本教育。典型的培训组织如下：

（1）公司培训教育中心：负责编制培训大纲和年度培训计划，检查、监督、指导全公司的培训工作。具体负责通用工种技术理论培训、特种作业人员安全技术培训和部分专业管理干部的培训工作。

（2）人力资源部：负责制订外出培训计划，并具体组织培训管理工作。

（3）安全防护处：负责制订职工安全教育培训计划，并组织实施。

（4）质量处：负责制订质量培训计划，开展质量标准、质量体系及质量管理知识的培训。

二、培训对象

凡参加六氟化铀制备的调试、运行等的人员，全公司主、辅工艺操作人员及各级管理人员都必须实行上岗前培训考试，保证各类人员经培训合格后，具备所从事的工作能力和安全生产资格，经资格考核后持证上岗。

三、培训方式

培训方式有下列几种：

（1）厂内培训

由厂培训教育中心结合工厂和工程需要，编制年度培训计划，并负责组织实施。在各专业处室的积极配合和厂属各单位认真组织落实培训教育的情况下具体实施。

（2）外出培训

根据工程需要，派人学习厂内没有的新技术，例如引进的MVR蒸发器，需派人到供方现场进行培训。

四、培训内容

1. 工艺生产和核安全等方面的基本教育

包括：工艺过程的基本原理，操作的理论和原则；设施总的设计特点，一般的和特殊的运行特点;工艺过程的机械设计特点;工厂的辅助系统;一般操作特点,操作限值;仪表和自动控制系统的特点及其功能和操作;安全系统的设计,包括设备与部件的功能、仪表、信号、联锁、自动和手动的特点;屏蔽、隔离和封闭设计的特点,包括进出口的限制;正常运行程序;应急程序;运行故障处理方法;系统去污程序;辐射防护基本知识(辐射的性质与来源,控制污染的方法等);辐射监测系统的用途和操作,包括报警和检测设备危险控制原则;安全保护和铀衡算原理和方法;化工安全原理和方法;人员的培训还包括详细的操作程序的准备和评议,以及在有经验的人员指导下进行的工厂实际操作。

2. 专业培训

为保证生产线的安全可靠运行,在生产线投入运行前须对各岗位操作人员进行专业培训。

3. 再培训大纲

在生产厂运行中,为了检查运行人员的能力,将由管理人员经常实行监督,每年要对运行人员的工作情况进行一次全面检查,对运行人员在某些方面的不足应进行再培训。

为了适应工作性质的变化,也应对工作人员实施再培训,以便使他们能胜任新的工作条件。再培训大纲应包括工艺、运行规程等改变时对工作人员实施的再培训。

对所有运行人员的培训资料应予以保存,该资料将用于再培训,正式的再培训按工厂规定每运行两年进行再培训一次。

(1) 知识培训

如辐射防护基本知识(辐射的性质与来源,控制污染的方法等),《电离辐射防护与辐射源安全基本标准》等的培训学习,安全法规教育等。

(2) 特殊工种培训

根据国家标准和国家对特种作业人员(如焊工、无损探伤检验人员、辐射防护、吊车员等)的要求,须全部经过培训考试,并取得劳动部门颁发的操作证。培训内容主要有安全法规、安全技术和实际操作技能等。

五、培训管理

1. 培训计划

对参加本项目安装、调试、运行的人员,全厂主、辅工艺操作人员,经初次培训合格后,持证上岗,以后每年由厂培训教育中心结合生产和工程需要,根据培训计划,每两年再培训一次,进行换证考核,考试合格后,重新颁发操作证。

2. 再培训大纲

在生产厂运行中,为了检查运行人员的能力,将由管理人员经常实行监督,每年要对运行人员的工作情况进行一次全面检查,对运行人员在某些方面的不足应进行再培训。

为了适应工作性质的变化,也应对工作人员实施再培训,以便使他们能胜任新的工作条件。再培训大纲应包括工艺、运行规程等改变时对工作人员实施的再培训。

对所有运行人员的培训资料应予以保存,该资料将用于再培训,正式的再培训按工厂规定每运行两年进行再培训一次。

(1) 知识培训

如辐射防护基本知识(辐射的性质与来源,控制污染的方法等),《电离辐射防护与辐射源安全基本标准》等的培训学习,安全法规教育等。

(2) 特殊工种培训

根据国家标准和国家对特种作业人员(如焊工、无损探伤检验人员、辐射防护、吊车员等)的要求,须全部经过培训考试,并取得劳动部门颁发的操作证。培训内容主要有安全法规、安全技术和实际操作技能等。

3. 培训记录

确定负责培训计划的组织和工作人员,对于参加培训、再培训的工作人员,应根据培训要求与工作内容进行考核,并对已培训人员、新职员的培训、现有人员的再培训以及晋升培训的现状保持最新的记录。培训和考核记录(包括外培记录)由培训中心保存。

第二节 铀转化厂工艺设计原则

学习目标:通过本部分的学习,使学员了解铀转化厂设计原则,具有进行创新流程设计的能力。

一、工艺设施设计基准

1. 设计基准

1.1 火灾事故

设计基准火灾事故系指在安全重要建筑物防火边界范围以内发生延续时间为 1.5 h 的火灾。

(注:这里的 1.5 h 是指楼板的耐火时间。亦即楼板在火灾延续 1.5 h 仍不被烧掉)。

本防火设计原则是以防为主、防消结合。消防设施的设置是为防止设防措施失灵、失效和不可预计的原因万一发生火灾时的消防补救措施。

(1) 合理确定生产厂房的耐火等级及防火分区

根据各厂房的生产类别及平面组合情况合理划分防火分区,以防火墙分隔,防火墙上开设的门、窗均为甲级防火门窗。

根据规范要求及平面布置,主工艺厂房群分为 12 个防火分区,电解制氟厂房群分为 3 个防火分区。建筑专业有专业的防火分区示意图。

(2) 厂房的防爆

因还原厂房和电解大厅是有爆炸性危险气体的生产厂房,考虑有防爆要求,泄压设施采用轻质屋面板、轻质墙体和易于泄压的门、窗等。还原厂房和电解大厅与其相邻的厂房间选用配筋砖抗爆墙或抗爆隔墙进行分隔,以满足抗爆要求。

(3) 厂房的安全疏散

每个防火分区均设两个或两个以上对外出口直达室外或安全通道,安全疏散距离及走道宽度均满足规范要求。

根据《建筑设计防火规范》GB 50016—2006 第 3.7.4 条规定,针对一二级耐火等级的厂房,甲类厂房最大疏散距离单层为 30 m,多层为 25 m,乙类厂房最大疏散距离为单层为 75 m,多层为 50 m,丙类厂房最大疏散距离为单层为 80 m,多层为 60 m,丁、戊类厂房的疏散距离不限。本项目中:还原厂房(甲类)内任一点到最近安全出口的最大距离为 20.4 m,电解大厅(甲类)内任一点到最近安全出口的最大距离为 24 m;溶解厂房(乙类)内任一点到最近安全出口的最大距离为 25 m,氟化厂房(乙类)内任一点到最近安全出口的最大距离为 19 m;铀转化纯化厂房(丙类)内任一点到最近安全出口的最大距离为 12.5 m,冷凝液化及尾气处理厂房(丙类)内任一点到最近安全出口的最大距离为 38.5 m;其他厂房均为丁、戊类厂房,所以各厂房设计均满足规范要求。

(4) 消防

凡不允许采用水消防,且不需设计非水固定灭火装置的建筑物,在适当的场合按需要配置各类适用的灭火器。

建筑物外四周设环状给水管网,按照《建筑设计防火规范》,消防按消防用水量最大的一座建筑物计算,本厂区按主工艺厂房群计算消防用水量,其室内消防用水量为 10 L/s,室外消防用水量为 40 L/s,火灾延续时间为 3 h。

(5) 其他

在工艺设备布置上尽可能合理,在可能产生可燃气体的房间采取相应的防泄漏措施,并且将设备靠近外墙布置,以便于采取泄爆措施。

在容易发生泄漏可燃气体和易燃易爆物的部位设置局部排风口,厂房内加大通风换气次数。

为防止火灾的蔓延,在送排风管道穿过机房的隔墙、楼板处和穿过防火墙时设置防火阀。

在有易燃易爆物的房间选用防爆型的电气和仪表。

厂区设消防控制中心,厂房设置火灾自动报警及消防联动系统。

1.2 爆炸事故

设计基准爆炸事故系指可燃气体或可燃液体的蒸汽和空气混合物的爆炸,有关建筑物遵循防泄结合、以泄压为主的原则进行设计。

有爆炸危险的厂房除采用上述的防火措施外,建筑、结构对有爆炸危险的厂房采取泄压的方式以减轻爆炸造成的损失,使之减低到最小程度。根据《建筑设计防火规范》GB 50016—2006 第 3.6.1 要求,泄压面积不得小于 A=10CV2/3。

1.3 地震事件

根据《中国地震动参数区划图》(GB 18306—2001),本场地抗震设防烈度为 7 度,设计基本地震加速度值为 0.15 g,设计地震分组为第二组。主工艺设施与核辅助设施的安全分级、抗震等级和抗震设防分类见表 7-1。对于抗震甲类的冷凝液化厂房的抗震应采用场地的地震安评结果进行复核。

表 7-1 主工艺设施与核辅助设施安全分级、抗震等级和抗震设防分类表

序号	分级类别	级别	建筑物名称
1	安全分级	铀转化安全一级	冷凝液化厂房(01-7)
		铀转化安全二级	主工艺(除冷凝液化外)厂房群、产品库(09)
		非安全级	其余建构筑物

续表

序号	分级类别	级别	建筑物名称
2	抗震等级	一级	冷凝液化厂房
		二级	主工艺(放射性)厂房群(除冷凝液化厂房)、电解制氟厂房群(除检修厂房)及产品库、原料库
		三级	其余建构筑物
3	抗震设防类别	甲类	冷凝液化厂房(01-7)
		乙类	主工艺(放射性)厂房群中其余厂房、电解大厅及原料库、产品库、排风净化中心、烟囱
		丙类	其余建构筑物

对安全重要建筑物,根据其不同的类别按 GB 50011—2001《建筑抗震设计规范》进行设计。建筑抗震设防类别的划分,符合国家标准《建筑抗震设防分类标准》GB 50223 的规定。建筑物的平面、立面布置尽量对称,体型复杂的建筑按抗震要求设抗震缝、伸缩缝、沉降缝等。抗震类别为甲类建筑物按 8 度进行抗震计算,按 8 度采取抗震措施(并采用该场地地震安评的结果进行复核)。抗震类别为乙类建筑物按 7 度进行抗震计算,按 8 度采取抗震措施。当发生 7 度地震时,所设计的甲、乙类建筑物,保证其功能。所设计的丙类建筑物,当遭受烈度为 7 度的地震时,可能损坏,经一般修理或不经修理仍可继续使用。

对安全重要设备,根据不同的分级进行抗震设计,设计要求:

安全一级的设备按地震烈度为 8 度计算,并采取相应的抗震措施。

安全二级的设备按地震烈度为 7 度计算,并采取相应的抗震措施。

铀纯化转化工程设备安全分级和建筑物抗震分类见表 7-2。

表 7-2 铀纯化转化工程设备安全分级和建筑物抗震分类表

序号	设备名称	铀转化设备安全分级	建构筑物名称	建构筑物抗震类别
1	一级冷凝器	一级	冷凝液化及尾气处理厂房	甲类
2	液体 UF_6 管道系统	一级	冷凝液化及尾气处理厂房	甲类
3	二级冷凝器	二级	冷凝液化及尾气处理厂房	甲类
4	三级冷凝器	二级	冷凝液化及尾气处理厂房	甲类
5	立式氟化反应器	二级	氟化厂房	乙类
6	卧式搅拌炉	二级	氟化厂房	乙类
7	执行安全功能的检测仪器、仪表、事故喷淋设施等	二级	冷凝液化厂房 水合还原厂房	甲类 乙类

安全重要设备的抗震设计参照《石油化工钢制设备抗震设计规范》(GB 50761—2012)的要求进行抗震计算和设计。

1.4 UF_6 泄漏事故

液体 UF_6 管道、阀门存在因腐蚀、密封失效造成泄漏的可能,在极端情况下一级冷凝器

内已液化的 UF_6 可能全部泄漏,将启动相应的事故喷淋进行处理。

在更加极端情况下,事故喷淋失效,泄漏的液体 UF_6 闪蒸成气体 UF_6 通过厂房的大门向四周散发,这种更加极端事故划分为超设计基准事故。

为保证公众及环境的安全,设计中充分考虑了泄漏事故的预防、监测及事故应急处理措施。这些措施除包括上述的防火、防爆、防震的所有措施外,还包括:

(1) 安全的设备设计和设备支撑措施,严格的设备制造和检验程序,充分的设备安全裕度;

(2) 足够的厂房换气次数和局部排风风速,并配置相应有效的排风净化装施;

(3) 选择安全可靠的管道、阀门;

(4) 完整的厂房密闭功能和合理的通风气流组织;

(5) 完善的监测报警系统,及时发现、及时处理,使其发生的泄漏事故不至扩大,尽量把事故控制在设计基准事故的限制之内;

(6) 行之有效的管理措施。

2. 主要设计准则

2.1 设计基准事故

设计基准事故或事件是按照已确定的设计准则,在设计中必须采取针对性措施的最严重的事故或事件。因此,它们表示的是极限设计条件。

(1) 设计基准火灾事故

设计基准火灾事故系指在安全重要建筑物防火边界范围以内的所有厂房构件的耐火时间均满足耐火极限的要求(具体要求见《建筑设计防火规范》)。

(2) 设计基准爆炸事件

设计基准爆炸事件系指可燃气体或可燃液体的蒸气和空气混合物的爆炸,设计中采用相应的防爆、抗爆和泄爆措施,有关建筑物采用泄压为主的方法进行设计。

(3) 设计基准 UF_6 泄漏事故

UF_6 泄漏是操作、贮存核燃料过程中,应给予重点设防的事故,UF_6 的泄漏可能导致空气中铀气溶胶浓度增加以及 UF_6 与空气中的水生成 HF 等有害气体,损害人员的健康,甚至造成外部环境污染。所以,工艺设计过程中采取一系列措施,控制事故发生,一旦发生事故,尽量减少事故的影响。

(4) 设计基准地震事件

本设计采用本地区抗震设防烈度为设计基准地震烈度,根据《建筑抗震设计规范》(GB 50011—2010),本地区抗震设防烈度为 7 度,设计基本地震加速度为 0.15 g。

在设计基准期内(50 年),一旦发生相当于本地区抗震设防烈度的地震时,本建(构)筑物可能损坏经一般修理或不需修理仍可继续使用(简称设防烈度地震可修),遭受高于本地区抗震设防烈度预估的罕遇地震时,不发生危及工作人员生命,危及设备、设施安全的破坏(简称罕遇地震不倒、不落)。

(5) 设计基准供电事故

设计基准供电事故系指在双回路电源中,某一回路断电后,60 s 内能自动将其全部Ⅱ级以上的负荷转换到另一正常供电回路。

(6) 设计基准供水事故

设计基准供水事故系指由于厂内外意外事故造成断水时,对不能中断供水的安全重要系统和设备应有 30 min 的贮备水量。

2.2 设计荷载

2.2.1 工艺及设备荷载

工艺及设备荷载包括：

(1) 容器、设备、管道的自重及保温层重量；

(2) 操作和维修设备的重量。

a. 楼面、平台活荷载，包括容器、管道等正常运行时的物料重量以及人员等；

b. 动力荷载，包括由于设备的转动，往复运动等所产生的动力荷载；

c. 楼面及工作平台上无设备区的操作荷载包括操作人员、一般工具、零星原料和成品自重，按均布荷载考虑采用 2.0 kN/m^2；

d. 生产车间的楼梯活荷载按实际情况考虑，但不小于 3.5 kN/m^2；

e. 动力荷载是将重物或设备的荷载乘以动力系数后按静力计算，动力系数的确定遵循《建筑结构荷载规范》(GB 50009—2012)。

搬运和装卸重物及车辆起动和刹车的动力系数为 1.1～1.2。

2.2.2 主要设备荷载

(1) 主工艺厂房群：

① 氟化厂房：主要设备为 2 个 UF_4 进料装置(每个 6.5 t)、2 个 UF_4 给料斗(每个 5.5 t)、2 个卧式搅拌炉(每个 3 t)、2 个 UF_4 接收料斗(每个 8 t)等，设备荷载作用于钢筋混凝土平台板或钢结构平台上。

作用在钢筋混凝土排架上的使用荷载：吊车荷载(起重量为 5 t，共 1 台)，一层平台下膜压机房顶部平台上吊车荷载(起重量为 3 t，共 1 台)，平台上活荷载 5.0 kN/m^2，屋面活荷载 0.5 kN/m^2。

② 01-7 冷凝液化及尾气处理厂房：主要设备为 8 个一级冷凝器(每个 60 t)、4 个二级冷凝器(每个 22 t)、4 个三级冷凝器(每个 10 t)等设备，设备荷载作用于钢筋混凝土平台板上。厂房内设有通过地面轨道运行的小车，地面轨道为钢筋混凝土基础，与主体结构脱开，荷载直接通过基础传入地下。

作用在钢筋混凝土排架上的使用荷载：吊车荷载(起重量为 20 t，共 1 台)，平台上活荷载 5.0 kN/m^2，屋面活荷载 0.5 kN/m^2

(2) 电解制氟厂房群

① 电解大厅：主要设备均位于地面，48 个重量为 4.4 t 电解槽、4 个重量为 1.1 t 热水循环槽；2 个重量为 3 t 电热烘干箱；大厅内设有通过地面轨道运行的小车，地面轨道为钢筋混凝土基础，与主体结构脱开，荷载直接通过基础传入地下。

作用在钢筋混凝土排架上的使用荷载：屋面活荷载 0.5 kN/m^2、管道、电缆桥架在每个柱子荷重为 100 kN、屋面荷载 0.5 kN/m^2。

② 电解槽检修厂房：厂房内设有通过地面轨道运行的小车，地面轨道为钢筋混凝土基础，与主体结构脱开，荷载直接通过基础传入地下。

作用在钢筋混凝土排架上的使用荷载：吊车荷载(起重量为 10 t，共 1 台)，平台上活荷载 2.0 kN/m^2，屋面荷载 0.5 kN/m^2。

(3) 辅助厂房群

① 气体厂房:主要设备均位于地面,6 个重量为 10.5 t 空压机,2 个重量为 6 t 空压机,2 个重量为 12 t 制氮装置,2 个重量为 4 t 干燥器;5 个重量为 4.5 t 储气罐,8 个重量为 2 t 缓冲罐。

作用在钢筋混凝土排架上的使用荷载:吊车荷载(起重量为 5 t,共 1 台),屋面活荷载 0.5 kN/m^2。

② 排风净化中心:主要设备均位于地面,6 个重量为 10 t 风机,2 个重量为 6 t 风机,2 个重量为 5 t 风机,2 个重量为 3 t 风机;2 个重量为 15 t 酸雾净化塔,2 个重量为 4 t 酸雾净化塔;2 个重量为 6 t 碱液箱。

作用在钢筋混凝土排架上的使用荷载:悬挂电动葫芦(起重量为 5 t,共 1 台),屋面活荷载 0.5 kN/m^2。

③ 原料库:厂房内跨越铁路,与主体结构脱开,荷载直接通过基础传入地下。

作用在钢筋混凝土排架上的使用荷载:吊车荷载(起重量为 5 t,共 2 台),平台上活荷载 2.0 kN/m^2,屋面荷载 0.5 kN/m^2。

④ 产品库:厂房内跨越铁路,与主体结构脱开,荷载直接通过基础传入地下。

作用在钢筋混凝土排架上的使用荷载:吊车荷载(起重量为 20/5 t,共 2 台),平台上活荷载 2.0 kN/m^2,屋面荷载 0.5 kN/m^2。

3. 安全保护系统

3.1 辐射安全系统

辐射安全系统旨在保护人员免受电离辐射或放射性物质的照射和保持实践中源的安全,其设计原则为:

(1) 严格遵守 GB 18871—2002《电离辐射防护与辐射源安全基本标准》和 EJ 1056—2005《铀加工与燃料制造设施辐射防护规定》,按照辐射防护要求,执行辐射防护三原则,即:实践的正当性;剂量限制和潜在照射危险限制;防护与安全的最优化的原则进行设施设计。

(2) 辐射防护设施和环境保护设施,坚持与主体工程同时设计、同时施工、同时投产的"三同时"原则。

(3) 必须贯彻"安全第一,预防为主"的方针,以保障铀纯化转化的安全生产。

(4) 设计中严格执行有关规定、标准,采取相应的核辐射防护和安全措施,以确保工作人员和公众的安全与健康,保护环境。

3.2 屏障与系统

为减少铀纯化转化厂对周围环境的污染和降低工作场所的辐射水平,设计中采用了多道包容或屏障。

(1) 一次包容系统(一次屏障)

在许多情况下,生产工艺设备本身就具有防止铀污染扩散所必须的包容系统功能,如贮料容器、螺旋输送器、溶解反应器、铀转化柱、蒸发器、流化床反应器、立式氟化反应器、冷凝器、3 m^3 容器等以及气体和液体的物料输送管道等,形成一次包容系统。因而,在工艺设备及系统的设计、制造和安装时,必须遵循以下原则:

① 所有工艺设备及工艺管线的材料应当和工艺操作的物料相容。根据操作物料和操

作条件的不同，选取的材料分别为蒙乃尔、不锈钢、碳钢衬胶、碳钢衬聚四氟乙烯及碳钢等材料，主要要求是在操作条件下能耐浓硝酸、稀硝酸、F_2、HF 及 UF_6 等物料的腐蚀。

② 在设备结构设计、阀门选型、管道连接件的选用等方面采取有效的控制措施，主要措施有：参照现有生产厂的相同或相似设备进行新设备的设计；选用经相同物料长期运行考验并使用良好的阀门和管道连接件；按照设计、制造和采购的质保要求进行。

③ 设计铀物料液体输送管线时，要使液体能完全排空以利维修。对于长距离的铀物料液体输送管线，如果管道需要埋地时，设管沟或使用套管。

④ 操作、输送铀物料气体及气溶胶的设备和管道，在满足工艺要求的条件下，采取负压或微正压操作，以防止物料外泄至厂房内。

⑤ 设计干法操作系统时，采取有效措施，防止大量铀粉尘的积累。

⑥ 加强工艺尾气和工艺废水的处理及固体废物的控制管理，使之不致散布到周围环境中去。

⑦ 物料进出厂房的全过程在密封设备内进行，个别接口处无法做到彻底密封时，在开口处设置局部排风或考虑专用小室，以保证放射性物料被封闭在工艺系统内。

（2）二次包容系统

在有些情况下，生产设备本身不能充分满足防止铀污染的逸出扩散，对此采用二次屏障。如卸料小室、通风柜或密闭分隔间等。所设计的二次包容系统（二次屏障）能在屏障外进行正常操作。在正常情况下，工作人员一般不进入这一屏障内。二次屏障的设计和建造遵循以下原则：

① 在需要时，二次屏障设置可开启的门以便物料进出，屏障内为负压，使开口处空气有适当的流速向内流动，以确保污染不向屏障外面扩散。

② 二次屏障的设计要满足操作要求，并尽可能方便设备的维修和更换，同时尽量减少孔洞、死角、水弯、死支路等，以减少污染物灰尘积累，利于清扫和去污。

③ 提供观察屏障内部状况的良好条件，因此设置了适当的照明和观察孔。

④ 对二次屏障设置排风系统，并维持屏障内一定的负压值，根据出现污染的可能性和危害性，负压值可维持在 50～250 Pa（5～25 mmH_2O）。

⑤ 在有可能发生火灾或 UF_6 泄漏的包容系统内，设置报警及事故应急或消防系统。

（3）外层屏障

外层屏障即为本工程各生产厂房。外层屏障是防止铀污染周围环境的最后一道屏障，它不仅在正常情况下，而且在事故条件下也能有效防止铀物料的外泄。生产厂房的设计遵循以下原则：

① 建筑结构设计最小化。即在满足工艺设备运行要求，并能承受各种可预料的最大外部环境条件，如风、雨、雪和寒冷天气等情况下，力求建筑结构最小。但在放射性工作区应留有适当的空间，以利于设备的拆装、维修和去污工作的进行。

② 溶解、铀转化纯化、浓缩脱硝、水合还原、氢氟化、氟化、冷凝液化及尾气处理厂房等有铀污染的厂房为密闭厂房。内墙和楼板光滑无孔，且不易渗水，并采取必需的耐腐蚀和易于去污的处理措施。其中冷凝液化厂房不设窗户，厂房内采用强制采光。

③ 有铀污染的厂房应少设门，一般只设单一的常规出入口，另设置一定数量的安全疏散门，作为火灾及大量铀泄漏事故的安全疏散通道。这些门采取保温和密闭措施。对为运

输和维修设备而开的大门,在正常情况下应关闭。

④ 有铀污染厂房的建筑物出入口设卫生通过间,并配置剂量监测设备。

⑤ 厂房内的污染区和非污染区应布置恰当,通风系统设计应能防止铀从污染区扩散到非污染区。

3.3 通风系统

本铀纯化转化厂的生产厂房、设备和电仪检修间、清洗厂房等放射性厂房均设置完善的机械进、排风系统和局部排风系统。通风系统设计使工作场所的放射性气溶胶及有害气体的浓度和释放到环境的放射性物质的量控制在规定的限值以下。通风系统及其附属设备的功能应当合理、可行、可靠。通风系统设计遵循以下原则:

(1) 厂房设置全面排风系统、局部排风系统及事故排放系统。局部排风系统按照气载污染水平、污染性质、净化要求及负压大小再分若干个独立的系统,以防止交叉污染。

(2) 通风系统设计保证放射性及有害物工作场所有良好的通风换气。不同级别的工作场所的通风换气次数根据工作场所空间大小、人员停留时间、工艺操作特点和污染情况等因素确定。根据铀转化设施的辐射防护规范,本铀纯化转化厂各生产厂房的通风换气次数要求见表 7-3。

表 7-3 铀纯化转化生产厂房通风换气次数要求

<table>
<tr><th>序号</th><th colspan="2">厂房名称</th><th>主要污染成分</th><th>设备布置及操作特点</th><th>厂房换气次数/(次/小时)</th></tr>
<tr><td>1</td><td colspan="2">溶解厂房</td><td>U_3O_8、$UO_2(NO_3)_2$</td><td>密封设备</td><td>4</td></tr>
<tr><td>2</td><td colspan="2">铀转化纯化厂房</td><td>$UO_2(NO_3)_2$</td><td>密封设备</td><td>4</td></tr>
<tr><td>3</td><td colspan="2">脱硝厂房</td><td>$UO_2(NO_3)_2$、UO_3</td><td>密封设备</td><td>6</td></tr>
<tr><td>4</td><td colspan="2">水合还原厂房</td><td>UO_3、UO_2、H_2</td><td>密封设备</td><td>5</td></tr>
<tr><td>5</td><td colspan="2">氢氟化厂房</td><td>UO_2、UF_4、、HF</td><td>密封设备</td><td>5</td></tr>
<tr><td>6</td><td colspan="2">氟化厂房</td><td>UF_4、UF_6、F_2、HF</td><td>密封设备</td><td>6</td></tr>
<tr><td>7</td><td colspan="2">冷凝液化及尾气处理厂房</td><td>UF_4、UF_6、F_2、HF</td><td>密封设备</td><td>6</td></tr>
<tr><td>8</td><td colspan="2">清洗厂房</td><td>UO_2F_2、HF</td><td>湿式处理,半开放式</td><td>6</td></tr>
<tr><td>9</td><td colspan="2">设备检修厂房</td><td>U、F 等</td><td>半开放式</td><td>4</td></tr>
<tr><td>10</td><td colspan="2">电仪检修厂房</td><td>U、F 等</td><td>半开放式</td><td>4</td></tr>
<tr><td rowspan="2">11</td><td rowspan="2">−80 ℃制冷厂房</td><td>机器间</td><td></td><td>密封设备</td><td>3</td></tr>
<tr><td>辅助间</td><td>乙醇</td><td>密封设备</td><td>6</td></tr>
<tr><td>12</td><td colspan="2">电解大厅</td><td>F_2、H_2</td><td>大厅式</td><td>8</td></tr>
<tr><td>13</td><td colspan="2">分析中心</td><td>U、F 等</td><td>通风柜操作及湿式操作</td><td>3</td></tr>
<tr><td>14</td><td colspan="2">排风净化中心</td><td>U、HF</td><td>密封设备、湿式操作</td><td>3</td></tr>
</table>

(3) 通风气流流向应为由低污染区流向高污染区。为防止逆流,相邻两区之间的压差保持 10～20 Pa。

(4) 局部排风的风罩口风速,视放射性物质的性质、操作特点、罩口与散发源的距离及放射性物质的挥发情况等因素综合考虑,一般大于 1 m/s。

通风柜的风速和操作口面积可调,操作口面积为 0.5 m^2 时,平均风速≥0.5 m/s。

(5) 对铀纯化转化生产中可能产生放射性物料泄漏可能的工作场所,设置事故排风。

(6) 送排风系统按规定设防火阀,火灾状态时能有效关闭。防火阀的耐火极限同防火墙,防火墙和防火门的耐火极限不低于《建筑设计防火规范》GB 50016 的要求。

(7) 有爆炸性混合气体、可能发生爆炸危险的厂房,其通风系统按有关规定设置独立的备用风机。

(8) 通风系统的进风口位置按厂区常年最大风频风向布置在放射性设施区的上风侧。进、排风口的距离大于 20 m。一般情况下,生产厂房内采用上送下排的方式。

(9) 通风系统采用非燃烧或难燃烧材料制造。

(10) 根据厂址气象条件和空气质量对进风进行预处理,如过滤、加热或降温等。

(11) 生产厂房的全面排风接至排风净化中心利用风机由 60 m 高烟囱排放。局部排风(含工艺尾气)和事故排风接至排风净化中心,经酸雾净化塔处理后,由 60 m 高烟囱排放。

3.4 辐射分区与进出控制

(1) 辐射分区

铀纯化转化厂的厂区及工作场所内部的布置,均按照其性质和功能划分成不同的区域,放射性工作场所分区需编制符合规范的分区图。

① 厂区的分区

a. 铀纯化转化厂厂区内的建筑物在总平面布置时尽可能将进行放射性工作的建筑物和进行非放射性工作的建筑物相对集中分开布置,即分为放射性工作区和非放射性工作区。

放射性工作区包括所有加工、处理或贮存铀物料或含放射性物质的车间、分析中心、库房等建筑物。非放射性工作区包括所有无放射性污染的建筑物。

b. 放射性厂房相对集中布置,有密切联系的几个相邻放射性厂房,用封闭的通道连接,并设置总卫生通过间,分散设置的放射性厂房设单独的卫生通过间。

c. 厂区运输道路的设计,依据使用的具体情况,将"未污染"的人流、车流与"污染"的道路分开,以避免或减少交叉污染。

d. 室外放射性管线尽可能设置在放射性工作区内。埋地的放射性废水管线设置在地沟内。当与给水管道交叉敷设时,放射性废水管道设在给水管道之下,两种管道的距离不小于 0.5 m,交叉处避开焊缝或加套管。当给水管道与放射性废水管道在地下并行敷设时,两种管道的水平距离一般在 2 m 以上,且放射性管道的标高至少比给水管道低 0.5 m。

② 放射性工作场所的分区

为了便于辐射防护管理和职业照射的控制,将操作放射性物料的工作场所按电离辐射照射潜在危险大小及污染情况分为监督区和控制区。

控制区:控制区为放射性工作场所内需要和可能需要专门防护手段或安全措施的区域。使其能控制正常工作条件下的正常照射或防止污染扩散,并预防潜在照射或限制潜在照射的范围。铀纯化转化设施的控制区为放射性工作场所内直接进行放射性物料操作的操作区、设备区、检修区以及在控制区范围内的工艺辅助设施区域。控制区又根据其工艺操作的方式和放射性潜在危险的情况,分为绿区和橙区。

监督区:监督区为通常不需要专门的防护手段或安全措施,但需要经常对职业照射条件进行监督和评价的区域。

对本铀纯化转化生产厂,辐射防护主要是防止内照射,划分控制区主要是限制可能发生的污染的扩大和对厂房进行合理的气流组织,因而对控制区设置一定的隔断或隔离措施。

控制区和监督区均应划定明确的边界,出入口应配置相应的安全防护设施,并按规定设置醒目的警告标志或标牌。铀纯化转化设施的控制区一般采用实体边界(墙体、隔断等),如采用实体边界不现实时也可以采用其他适当的手段。控制区的人员出入口为卫生通过间,按需要提供防护衣具、监测设备和个人衣服贮存柜。

对于铀纯化转化设施中范围比较大的控制区,如果其中的照射或污染水平在不同的局部变化较大,需要实施不同的专门防护手段或安全措施,则可根据需要再划分出不同的子区,以方便管理。

③ 对各工作场所,根据 GB 18871—2002《电离辐射防护和辐射源安全基本标准》提出不同的建筑设计要求:

a. 天然 UF_6 生产的铀纯化转化厂根据工艺生产的性质和设备特点,一般采取一区或二区布置。

b. 各级放射性工作场所的一般要求:

——放射性工作区内尽量不安排与放射性工作无关的工作。

——门窗及内部设备尽量简单,便于清洗去污。

——地面及墙面根据工作场所等级选择易于去污的材料。

——放射性分析中心内的水、电、热力、暖通等管线力求暗设,供水开关采用脚踏式或肘开式。

——接触放射性物质的表面选用易去污、对放射性物质吸附差的材料制造。

——对有 γ 辐射的设备操作,要选用适合的屏蔽材料,以满足屏蔽设计的要求。本工程的操作物料为天然铀,除氟化渣罐外,一般不考虑辐射源屏蔽。对氟化渣罐,由于氟化渣产生的射线包括 γ 射线、β 射线和 α 射线,设计时考虑 γ 射线的屏蔽,在其外面设置铅屏蔽装置(按照工作人员外照射剂量水平控制在小于 10 mSv/a,并按减弱倍数 1.34 倍计算屏蔽厚度)。工作人员操作渣罐采用时间和距离防护措施。

——设计特种下水系统,进行监测排放。

④ 进出控制

a. 根据辐射防护规范要求,对放射性工作场所应采取的设计措施为:

对控制区采取以下措施:

a) 采用实体边界划定控制区。

b) 在控制区的进出口及其他适当位置,设置醒目的警告标志牌。

c) 建立运行行政管理程序(进入控制区工作许可证制度)和实体屏障(包括门锁和联锁装置),限制人员进入控制区。

d) 按需要在控制区入口处设置卫生通过间,提供防护衣具、监测设备和个人衣服存放柜。

e) 按需要在控制区的出口处设置污染监测仪,冲洗式淋浴设备以及被污染防护衣具的贮存柜。

对监督区采取以下措施：

a）采用适当手段划出监督区的边界。

b）在监督区入口处的适当地点设立标牌。

c）定期审查该区的条件，以确定是否需要采取防护手段或安全措施的条件。

b. 对工作厂房、设备、通排风、排水及人员进出的要求：

a）进入放射性工作区域设有卫生通过间，人员进出遵循：

辐射工作区域控制入口设卫生通过间，人员进出遵循：

进入：卫生通过间入口→脱家庭服→穿工作服→辐射工作区域控制区；

离开：辐射工作区域控制区→表面污染监测(合格后)→脱工作服→穿家庭服→出口。

(不合格)→事故淋浴→表面污染监测→(合格后)穿家庭服→出口。

b）设置物料进出的专用出入口，并设应急疏散通道，以备紧急状况时使用。

c）放射性生产厂房为密闭厂房。

d）铀纯化转化厂生产线的生产过程一般都是在微负压的密闭系统中进行，这是防止放射性物质泄漏的重要措施。

e）厂房设置机械进排风系统，通风换气次数满足工作区的辐射防护要求，空气流动原则为：通风气流流向为由低污染区流向高污染区。

f）来自铀纯化转化厂工艺及辅助工艺生产的含铀、含氟废水，经各级净化处理之后，采用槽式排放。符合排放标准的废水可排入生产下水管道。

c. 表面污染控制

a）在放射性工作场所入口设卫生出入闸门，配备专用的表面污染监测仪，用于测量手、足、人体其他表面和衣物表面的污染水平，这是防止污染扩大的重要措施。

b）放射性工作场所必须保持清洁整齐，设备、地面、墙壁必须经常去污，达到允许标准(表 7-4)。

表 7-4　工作场所的放射性表面污染控制水平

表面类型		α 放射性物质/(Bq/cm^2)	β 放射性物质/(Bq/cm^2)
工作台、设备、墙壁、地面	控制区	40	40
	监督区	4	4
工作服、手套、工作鞋	控制区、监督区	0.4	4
手、皮肤、内衣、工作袜		0.04	0.4

c）需送出检修的设备，其表面必须清洗达到允许标准才能送到相应的核辅厂房进行修理。

d）当放射性设备在现场修理时，应划出维修区以加强现场防护及对内照和外照射剂量的控制。如果污染了地面、墙面，应及时去污。

e）放射性工作场所配置一定的可携式表面污染监测仪，随时对表面污染进行监测。严格控制表面污染是减少内照射剂量的重要技术措施。

3.5 辐射监测及报警系统

为了使工作人员所受辐射剂量低于规定限值,防止放射性物质大量向外界排放给环境带来影响,设置辐射监测及报警系统。

辐射防护部门(含剂量分析室)承担铀纯化转化厂的辐射防护和环境保护工作,负责制定辐射监测计划,进行辐射防护的取样、监测工作,并向有关部门报告监测结果和辐射防护评价。

辐射防护监测的内容为:个人剂量监测、工作场所监测及区域监测。由于铀纯化转化厂加工物料仅为天然铀,故不考虑核临界安全的监测及报警系统。

(1) 个人剂量监测

根据 GB 18871—2002 规定,凡在年有效剂量可能大于或等于 5 mSv 的工作条件下工作的人员必须接受个人剂量监测;对在监督区或偶尔进入控制区的工作人员,如果预计其职业照射剂量在 1～5 mSv/a 范围内,则应尽可能进行个人监测。

个人剂量监测包括外照射剂量监测、内照射剂量监测以及表面污染监测,外照射个人剂量监测主要指 β、γ 射线剂量监测;内照射个人剂量监测主要指吸入含铀放射性气溶胶造成的污染和体内尿铀的监测。具体要求如下:

① 进入放射性工作场所的人员须佩带热释光个人剂量计进行个人剂量监测。在存放有氟化渣罐的工作场所,工作人员须佩带具有报警功能的个人剂量计,以防止个人受到超剂量照射。

② 对开放型放射性工作场所从事铀纯化转化生产的操作人员,定期进行体污染监测,利用激光铀测量法测量工作人员尿液中的铀含量。

③ 利用空气取样仪测定放射性气溶胶摄入量的方法来推算个人所受的内照射剂量。

④ 工作人员的手脚表面污染的监测,通过设置在卫生通过间 α、β 手脚表面污染监测仪完成。

(2) 工作场所监测

工作场所监测分为常规监测、与工作相关的监测和特殊监测,可说明工作条件是否满意或对工作条件的任何恶化提出警报,以便制定个人剂量监测计划,为辐射防护与安全管理提供依据。主要有放射性工作场所放射性气溶胶监测、表面污染监测和外照射剂量监测。工作场所放射性气溶胶监测,监测频率为 1 次/1 周,事故情况下增加监测次数,使用放射性气溶胶连续监测仪监测,对于该监测仪不能到达的场所,则用空气取样仪取样、剂量分析室分析的方法进行;工作场所表面污染监测,监测频率为 1 次/2 周,在事故情况下增加监测次数,监测方法为用 α、β 表面污染测量仪直接测量,或取样后实验室分析;外照射监测,监测频率为 1 次/月,采用可携式 χ、γ 剂量仪和多功能辐射防护仪系统(含主机、χ、γ 计量率探测器、伸缩杆测量仪)。

(3) 区域监测

区域监测对周围环境的辐射防护可提供有效的依据,也是控制污染物排放的有效途径。本工程的区域监测即外环境监测包括排出流的监测和周围环境监测。

① 气载流出物监测

对排风净化厂房的经过处理后需排放的废气的检测,监测的内容包括废气中铀、氟等含量的监测。在排风净化中心内靠近总排风口设有连续取样检测系统,根据等流态取样的原理，对气载流出物进行连续的取样监测分析。

考虑到四O四有限公司还有其他核设施，按照分配给各核设施的剂量管理目标值，确定通过废气排放的铀年排放总量限值为 0.01 mSv，以此推算出放射性废气中铀的控制浓度限值。

氟化氢排放限值按国家标准 GB 16297—1996《大气污染综合排放标准》，在铀转化厂排放的废气中氟含量≤9 mg/m^3。

② 液态流出物监测

各生产厂房所排放废水中铀、氟等浓度的监测。本项目所产生的废水均送至现有的低放废水处理设施的09子项(含铀含氟废水处理站)进行处理，监测设备、监测内容及频次由原有的监测部门负责。

根据 EJ 1056—2005《铀加工与燃料制造设施辐射防护规定》，在铀转化厂排放的废水中，铀浓度限值定为 50 μg/L。

氟化物排放限值按国家标准 GB 8978—1996《污水综合排放标准》，在铀转化厂排放的废水中氟含量≤10 mg/L。

③ 固态废物监测

对固体放射性废物的外包装，使用 α、β 表面污染测量仪进行表面污染监测。对于氟化渣罐送贮时须使用α、β表面污染测量仪、可携式χ、γ剂量仪进行表面污染和外照射剂量的监测。

④ 周围环境监测

周围环境监测对象为环境介质(空气、水、动植物、土壤等)中铀含量的连续和定期取样、制样和测量，环境空间的γ照射量率的连续和定期测量。

4. 铀燃料的操作与贮存

为了使工厂正常运转，防止事故发生，防止操作人员和公众受到危害，铀燃料的操作与贮存设计遵循下列原则：

(1) 第 3.2.1 条的辐射安全设计准则。

(2) 核材料实物保护等级划分和设计按 EJ/T 1054—1997《核材料实物保护导则》的规定执行。

(3) 贮存铀燃料容器满足如下设计准则：

① 结构设计在正常和异常条件下均能保证完整；

② 具有良好的机械性能，抗碰撞、挤压；

③ 表面材料、表面加工处理要易于去污，耐辐射，防火，防腐蚀；

④ 应密不透水，密封材料要耐热、耐火、耐腐蚀及耐辐照；

⑤ 有足够的使用寿命；

⑥ 易于转运。

(4) 现场贮存设备的设计准则

① 贮存场地面积满足正常运行工况下贮存量的要求，并留有较大的余地；

② 提供安全、可靠、快捷、方便的转运设施；

③ 设管理、监测场地和配备相应设施，以便进行物料称量校核和办理交接手续。

(5) 六氟化铀泄漏事故的预防及应急处理

① 六氟化铀泄漏事故是铀纯化转化设施潜在的严重可信事故之一。为保证公众及环境安全,设计中充分考虑六氟化铀泄漏事故的预防、监测及事故应急处理措施。

② 六氟化铀系统设计要正确、合理。管线尽可能短,连接点尽量减少,以降低六氟化铀泄漏的可能性。保温伴热系统要有效、可靠,防止六氟化铀冷凝固化堵塞系统及液化膨胀使管线破裂,生产系统的设备、仪表、阀门和管件均应满足密封、耐腐蚀和其他工艺条件的要求。

③ 六氟化铀容器和阀门的选择和使用符合六氟化铀容器制造和使用规范。

④ 液体六氟化铀的转移系统设置在隔离小室内,并配置事故喷淋系统。

⑤ 六氟化铀生产厂房为密闭厂房,发生六氟化铀大量泄漏事故时,能有效关闭进排风系统,以便及时制止六氟化铀向外界释放。同时,配置消防水枪,可对事故部位进行应急喷水冷却处理。在操作放射性的密闭厂房内一般不设普通地漏,以防事故情况下放射性物料从地漏排入生产下水而污染环境"。但在可能发生六氟化铀大量泄漏事故的厂房内,设地坑或地沟。在室外设有废水检测池,冷却或发生事故的废水被收集在室外检测池中,取样分析,合格的废水排生产下水;$U \leqslant 50\ \mu g/L$ 的废水排特种废水管网,送低放废液处理中心;$U \geqslant 50\ \mu g/L$ 的废水送铀转化一期铀回收厂房。

⑥ 六氟化铀的存放区域及贮存库满足安全要求的贮存条件。贮存库设计考虑与生产厂房相同的耐火等级,并满足实物保护的要求。

⑦ 操作和贮存六氟化铀的车间及库房内备有应急处理六氟化铀一般泄漏事故用的器具和防护用品。

5. 工业与化学安全

(1) 设计依据

①《环境空气质量标准》GB 3059—1996

②《污水综合排放标准》GB 8978—1996

③《大气污染综合排放标准》GB 16297—1996

④《压力容器安全技术监察规程》

(2) 生产过程中职业危害因素

根据工艺流程、主要技术参数、设备和所使用的原料、燃料、中间产品、成品及"三废"的主要理化特征(如溶解度、腐蚀性、pH、物理状态等)以及它们的易燃程度、爆炸可能性等,进行职业危害因素分析。各工序涉及的化学危险性物质、最高允许浓度及遵照的标准或规范见表 7-5:

表 7-5 化学危险性物质、最高允许浓度及遵照的标准或规范表

序号	工序	化学危险性物质	最高允许浓度/(mg/m^3)	遵照的标准、规范
1	溶解	NO_x	3	《工作场所有害因素职业接触限值 化学有害因素》GB Z 2.1—2007
2	铀转化纯化	NO_x	3	
3	脱硝	NO_x	3	

续表

序号	工序	化学危险性物质	最高允许浓度/(mg/m^3)	遵照的标准、规范
4	氨裂解	NH_3	15	《工作场所有害因素职业接触限值　化学有害因素》GB Z 2.1—2007
5	氢氟化	HF	1	
6	氟化	F_2	1	
7	冷凝液化及尾气处理	HF、F_2	1	

（3）防范措施

① 针对厂区的地理、水文、气象及地震资料，设计采取防雷电、抗震等的相应措施。

② 在总图运输设计中采取必要的安全卫生预防措施，如全厂生产区与厂前区的相对位置、间距考虑，可以防止生产区的尘、毒、噪声等污染因素对厂前区的影响。

厂区内道路及出入口位置做到人流、物流分开。

③ 有毒、有害气体、液体的治理措施贯彻放射性气溶胶、粉尘和废液治理原则，对放射性物质和化学危险性物质的危害进行治理。

④ 为了改善劳动条件，进出开放型放射性工作场所均设卫生通过间，并采取采暖及降温措施。

⑤ 所有压力容器的设计、制造、检验均符合国家有关规定。

⑥ 机械传动装置采取安全保护措施，电气设备采取接地措施，表面温度较高的设备和管线采取隔热措施。

⑦ 危险品和瓶装高压气体的存放，设置专用库房。

⑧ 尽可能选用改善繁重体力劳动的机械设备。

⑨ 优先选用低噪声设备，采取防振、减振和隔振措施。

⑩ 机械伤害、设备漏电与选型有关，在设计上予以充分重视，增加设备固有安全性。

（4）化学危险性物质的最高允许浓度：按《工作场所有害因素职业接触限值　化学有害因素》GB Z 2.1—2007 规定执行。

6. 质保分级

6.1　质保分级原则

按物项下列特性进行质保分级：

① 物项或服务的安全和运行重要性；

② 成熟度；

③ 复杂性。

6.2　质保分级

按质保的要求分三级：即：QA1、QA2 和 NQA 级。

（1）QA1 级为满足以下要求的物项

① 对安全产生明显风险和（或）使运行能力明显下降；

② 复杂产品或服务的新设计、新的制造工艺；

③ 设计工作是广泛的或复杂的，制造需要大量复杂工艺。

通常铀转化安全一级设备列为 QA1 级。

(2) QA2 级为满足以下要求的物项

① 对安全造成有限的风险或使运行能力降到某一有限的范围内;

② 已有产品或服务的重新设计,已经证明的设计和修改或已经过证明的制造工艺的重要改进;

③ 设计工作情况代表了某些复杂性,有一定数量的复杂制造工艺。

通常铀转化安全二级设备列为 QA2 级。

(3) NQA 级物项满足以下要求

① 不对安全和运行能力造成风险;

② 已经证明的设计部分组合或使用,对已经证明制造工艺作了小改进或已经过证明的制造工艺;

③ 设计简单,制造只有少量复杂工艺或只有简单工艺。

QA1、QA2 级设备按 HAF003 的要求形成的程序进行设计、制造、安装。而对于 QA1 级设备要求进行监造,设计院、业主均派专人到加工现场全程跟踪检查,特别对 H 点(停工待检点)、W 点(见证点)。

二、厂房密封完整性的设计特性

为减少铀纯化转化设备对周围环境的污染和降低工作场所的辐射水平,铀纯化转化工程设计采取下列措施:

(1) 工艺系统密封

操作放射性物质,在专用设备和装置构成的密封系统内进行,是防止放射性物质进入人体和环境的最有效的措施之一。为此,设计上具有如下的特性:

① 从物料进入厂房至拿出产品(或中间产品)的过程一般均在密封的设备或装置内进行,输送这些物料的管道也处于密封的条件之下。个别可能外溢至厂房的放射性粉尘可通过局部排风口收集至排风系统,经排风净化处理合格后通过排风机房,经 60 m 高的烟囱排入大气。

② 操作、输送放射性或有害物的设备和管道,在不违背其他安全要求(或工艺的特殊要求)的条件下,一般采取负压操作,以控制放射性外泄至厂房内。

(2) 通风系统的保证与密封

合理的气流组织、合理的压差控制和行之有效、安全可靠的排风净化措施是防止放射性进入人体和周围环境的又一有效措施。

① 送排风的气流组织是由低污染区流向高污染区,各区之间保持适当的负压。相邻两区之间的压差应保持在 10~20 Pa。

② 保证局部排风口、卸料小室、通风柜的入口风速和设备内的负压值。局部排风的风罩口风速,视放射性物质的性质、操作特点、罩口与散发源的距离及放射性物质的挥发情况等综合因素考虑,一般应大于 1 m/s。

(3) 厂房的密封

设备、管道等本身和局部排风系统具有防止放射性污染扩散所必须的一次包容系统的功能,采用通风柜、卸料小室和专用的设备小室是二次包容系统,铀纯化转化设施的外围建筑物则是防止放射性污染周围环境的外层包容系统的最后一道,使之成为在事故条件下能防止放射性外泄。

为满足生产特殊要求，在建筑上所采取的技术措施：

工艺厂房为密闭厂房，设固定窗；建筑物的内部结构、门窗应尽量简单，便于去污。对于使用腐蚀性物质的厂房，厂房地面要考虑耐酸碱的腐蚀。其他厂房的楼地面均采用耐腐蚀性水磨石地面。对于有爆炸危险的厂房，设有泄爆面和抗爆墙。

三、关键工艺设计

1. UF_6 生产系统（氟化部分）

1.1 功能描述

UF_6 生产系统包括氟化系统和氟气回收系统，氟化系统功能是将 UF_4（含中间氟化物）与 F_2 在高温下反应生成 UF_6；氟气回收系统功能是将冷凝液化生产系统二级冷凝后的工艺尾气与新鲜的 UF_4 发生反应生产中间氟化物，目的是回收其中过剩的氟气。各系统主要工艺过程如下：

(1) 氟化系统

来自电解生产系统的氟气先经氟气缓冲罐(F-02/1-2)稳压，再经氟气除尘器(F-03/1-6)除尘，然后由氟气膜压机(F-04/1-3)升压至 0.02 MPa，进入氟气缓冲罐(F-05/1-2)再经两级氟气预热器(F-06/1-4)预热到 330～360 ℃，然后送入立式氟化反应器(F-09/1-2)中；经过氟气回收反应的含有少量中间氟化物的 UF_4 经中间料斗(F-23/1-2)缓冲后由星形给料器(F-22/1-2)送入四氟化铀给料斗(F-21/1-2)。然后 UF_4 经四氟化铀进料装置(F-20/1-2)进入立式氟化反应器与预热后的氟气逆流接触，在立式氟化反应器中反应生成 UF_6 气体。反应过程中炉壁温度控制在 400 ℃±20 ℃，F_2 过量 5%～8%。反应生成的 UF_6 气体和过量 F_2、HF、N_2、O_2 以及夹带微量的 UF_4 粉尘，经立式氟化反应器内置的烧结过滤管除尘后（温度 150～200 ℃）送入冷凝液化生产系统。反应生成的氟化残渣进入氟化渣罐(F-18)，氟化渣罐存满后，定期送往氟化渣、炭化炉渣暂存库暂存。对于氟化反应过程中放出的热量，由冷却风机(F-19/1-3)和冷却水套(F-11/1-2)来进行散热。冷却风机通过立式氟化反应器炉壁与各段电加热器之间的间隙通入空气来进行散热。

(2) 氟气回收系统

由 UF_4 生产系统生产的 UF_4 经气力输送装置送入 UF_4 接收料斗(F-28/1-2)中，经螺旋输送器(F-27/1-2)送入卧式搅拌炉(F-24/1-2)中，然后与来自冷凝液化生产系统二级冷凝后的工艺尾气在卧式搅拌炉中逆流接触进行氟气回收。反应过程中卧式搅拌炉 UF_4 进料端炉壁温度控制在(160±5) ℃，UF_4 出料端炉壁温度控制在(200±5) ℃，反应器内固体物料填充系数控制在 25%。反应过程中回收氟气后的尾气再经尾气除尘器(F-30/1-4)除尘后返回至冷凝液化生产系统的三级冷凝器。反应生成的含有中间氟化物的 UF_4 经中间料斗(F-23/1-2)后进入氟化反应器 UF_4 给料斗(F-21/1-2)。

1.2 设计描述

(1) 氟化系统

该系统设备结构材料大致分为两类：第一类，与高温 F_2 接触的设备，由于 F_2 在高温状态下腐蚀性较强，故设备主体结构材料选用蒙乃尔合金，该类设备包括立式氟化反应器和氟气预热器,同时由于蒙乃尔在高于500 ℃时,它的抗腐蚀性会随着温度的升高而出现减弱,而这两个设备在生产中最高温度不会超过 450 ℃,因此这两个设备温度上限设为 450 ℃,超过450 ℃时报警。第二类,基本无腐蚀性的设备,设备主体材料选用碳钢。

该系统主体设备为立式氟化反应器(F-09/1-2),对其简介如下:

① 性能要求

要求气固两相能够充分接触,并具有良好的散热措施,氟化反应生成的炉气必须经气固分离后才能进入 UF_6 冷凝接收系统,氟化反应的渣罐应具有放射性屏蔽措施。

② 结构型式

立式氟化反应器主要由炉体、氮封装置、粉尘过滤装置等组成。与立式氟化反应器紧密接触的配套设备有立式氟化反应器渣罐、渣罐屏蔽套、上段电加热器、中段电加热器、下段电加热器及四氟化铀进料装置。炉体采用风冷却和冷却循环水冷却,风冷却的冷却通道利用电加热器与炉体之间的间隙进行,循环冷却水通过直筒段冷却水夹套进行冷却。

炉体主反应段为倒圆台形,炉体直径沿床高方向自下而上逐渐增大,目的是使床内气体在垂直方向各断面流速基本不变,UF_4 沉降速度基本不变,从而使反应沿床高方向分布均匀,炉体上部为直筒段和扩大段;氮封装置在立式氟化反应器下部,由一个氮封罐和两个翻板阀组成,保证在不停车的状态下更换渣罐;粉尘过滤装置在立式氟化反应器上部,分为四组,每组由 18 根烧结蒙乃尔过滤管组成,以防止未氟化的 UF_4 颗粒进入 UF_6 冷凝接收系统中;渣罐屏蔽套采用碳钢外包覆铅板制成,以防止对操作人员造成放射性危害;各段电加热器由两个对开的半圆形加热炉组成,以提供氟化初始反应所需的温度,同时为风冷却提供冷却风道,以保证正常反应时所产生的热量及时导出。

③ 其他参数

设备数量:2 台

设备主要材料:炉体材料蒙乃尔,上部扩大段材料碳钢

烧结蒙乃尔管:72 根(分为四组)

炉体下部入口直径:430 mm

炉体上部出口直径:610 mm

过滤器上部直径:2 400 mm

外形尺寸:~Φ2 400×14 500 mm

(2) 氟气回收系统

该系统主体设备为卧式搅拌炉(F-24/1-2),虽然来自二级冷凝的尾气中含有 F_2 和少量的 HF,但由于反应温度较低,因此选用设备材料为碳钢,该系统内其他设备为基本无腐蚀性的设备,设备主体材料也选用碳钢。对主体设备卧式搅拌炉简介如下:

① 性能要求

气固两相要充分接触,并具有良好的传热和传质性能;该系统当反应温度超过 250 ℃时,会有部分反应生成 UF_6,为了防止 UF_6 的生成,卧室搅拌炉内的反应温度必须控制在250 ℃以下。

② 结构型式

卧室搅拌炉主要由炉体、搅拌装置等组成。与卧室搅拌炉紧密接触的配套设备有四氟化铀螺旋输送器、进料端电加热器、出料端电加热器、中间料斗。炉体为圆筒形;进料端与出

料端电加热器由两个对开的半圆形加热炉组成，以提供初始反应所需的温度。为了控制炉内反应温度，搅拌轴设计为一空心管，搅拌轴心通以压缩空气来进行冷却。

③ 其他参数

设备数量：2 台

设备主要材料：碳钢

UF_4 进料端炉壁温度：(160±5) ℃

UF_4 出料端炉壁温度：(200±5) ℃

UF_4 炉内填充系数：25%

炉内压力：-1 000～1 000 Pa

炉体外形尺寸：～ϕ500×5 600 mm

1.3　安全特性与保障

(1) 防止 UF_6 和 F_2 气体的泄漏

六氟化铀气体不仅具有放射性，而且与空气中的水可发生水解反应，生成氟化铀酰和氟化氢并放出大量的热。氟气是最活泼的非金属元素，几乎可以和所有元素化合，与空气中的水反应生成臭氧或氧气和氟化氢。所以，UF_6 和 F_2 一旦发生泄漏，人体吸入后将会给人身安全造成严重危害。

① 预防 UF_6 和 F_2 泄漏的措施

a. 严格执行操作和检查程序，减少人为失误导致泄漏事件的发生。

b. 加强设备、管道的检修和日常巡检，及时消除隐患，及时发现泄漏事件。

c. 定期用淀粉-KI 试纸检查氟气系统泄漏情况。

d. 厂房及主要设备严格按照抗震设计要求进行设计。

防止 UF_6 泄漏，主要是针对立式氟化反应器。防止 F_2 泄漏，主要是针对氟气储罐、膜压机间设备和氟气加热器。为了能够及时发现 F_2 泄漏，在膜压机间采用了 F_2 泄漏固定式检测仪检测。另外，整个工艺过程采用了计算机集散控制系统(DCS)，可随时检测记录各工艺参数，一旦工艺参数超过规定限值，将发出报警信号，以提醒操作人员及时处理。

② 泄漏事故的控制

当设备、阀门或管道发生局部泄漏时，首先应停止 UF_4 供料，进而切断 F_2 的供给，加强通排风，同时通知电解制氟厂房关闭相应的电解槽，然后向系统中通入氮气进行吹扫，将 UF_6 和 F_2 送入冷凝液化厂房进行回收和处理。

(2) 防止辐射剂量

在立式氟化反应器渣罐中聚集了大量的放射性衰变子体，这些衰变子体放射性强度较高，是整个铀转化工程中剂量强度最高的部位。氟化渣罐内含铀量小于 30%，其余的物质为氟化钠、氟化钾、氟化铁、氟化镍。氟化渣罐内放射性核素主要为 ^{234}U、^{235}U、^{238}U 自发衰变产生的子体 ^{230}Th、^{231}Th、^{234}Th。^{234}Th 的半衰期为 24.1 d，其衰变子体为 ^{234m}Pa、^{234}Pa，^{234m}Pa、^{234}Pa 进行 β 衰变，衰变后的原子核退激发时释放 γ 光子，因此 ^{234m}Pa 与 ^{234}Pa 对外照射剂量的贡献所占份额最大。这两种核素都来自 ^{234}Th 的衰变，半衰期分别为 1.17 min、6.7 h，半衰期远小于 ^{234}Th，因此 ^{234m}Pa、^{234}Pa 与 ^{234}Th 之间存在长期平衡关系。

为了减少操作人员所受剂量，采取了如下安全保障措施：

① 在立式氟化反应器渣罐外面设置了渣罐屏蔽套(内含铅板)，以屏蔽或减弱射线

的强度。

② 将立式氟化反应器渣罐布置于地坑中,以减少除直接操作人员以外其他人员所受的剂量。

③ 严格控制直接操作人员每人次的操作时间。

1.4 运行参数与运行限值(表 7-6)

表 7-6 氟化工序运行参数与运行限值

控制项目	单位	控制范围	运行限值	测量方法	控制方法
氟气预热器出口温度	℃	330～360	300	温度计	根据温度联锁控制对开加热器
立式氟化反应器炉壁温度	℃	400±20	450	温度计	根据温度联锁调节冷却风流量
立式氟化反应器入口压力	kPa	20～25	30	压力表	氟气膜压机调节
F_2过剩量范围		5%～8%		紫外光谱在线分析	在线分析炉气中氟气与六氟化铀浓度,联锁调节 UF_4 进料装置转速
卧式搅拌炉 UF_4 进料端炉壁温度	℃	160±5		温度计	根据温度联锁控制对开加热炉
卧式搅拌炉 UF_4 出料端炉壁温度	℃	200±5		温度计	根据温度联锁控制对开加热炉
立式氟化反应器氟气出口总管与扩大段之间压差	kPa	<4	20	压差测量	每隔两小时氮气进行自动反吹,大于 4 kPa 时进行手动氮气反吹
氟气除尘器进出口压差	kPa	<4		压差测量	大于 4 kPa 时切换除尘器,进行氮气反吹
尾气除尘器进出口压差	kPa	<4		压差测量	大于 4 kPa 时切换除尘器,进行氮气反吹
立式氟化反应器反吹氮气温度	℃	210～230		温度计	根据温度联锁控制加热元件
氟气缓冲罐(大)压力	kPa	−3～−1		压力表	根据压力进行联锁调节

1.5 仪表

(1) 检测、控制水平

该系统为连续生产,除更换渣罐和检修外现场很少操作,故该系统的检测控制以控制室为主。对主要工艺参数采用 DCS 系统进行检测、控制。对次要参数并根据工艺要求设置就地指示仪表,方便就地操作。DCS 系统主要进行数据采集、控制运算、控制输出、设备和状态监视、报警监视、远程通信、实时数据处理和显示、历史数据管理、日志记录、事故顺序识别、事故追忆、图形显示、控制调节、报表打印、高级计算,以及所有这些信息的组态、调试、打印、下载、诊断等功能。数据采集处理、画面显示、报警显示、调节控制、联锁保护等。为确保 DCS 系统的安全可靠,对控制器、电源、通讯采用冗余配置。本系统 DCS 过程控制站机柜放置于该系统的控制室内。

(2) 信号联锁及调节回路

① 氟气缓冲罐(大)(F-02/1-2):通过设备内要求的压力设定值(−13～−7 kPa)反馈调节膜压机的氟气回流气动调节阀的开度,实施压力调节,以保证电解槽的安全稳定运行。

② 氟气预热器(F-06/1-4)的温度调节:一级预热器氟气出口温度降到 190 ℃时打开对

应罐体加热器，当温度为 220 ℃时关闭对应罐体加热器；二级预热器氟气出口温度降到 310 ℃时打开对应罐体加热器，当温度为 340 ℃时关闭对应罐体加热器，并设上限(450 ℃)报警。

③ 立式氟化反应器(F-09/1-2)

a. 温度检测控制：立式氟化反应器设上、中、下三个电加热装置，每个电加热装置设两段电加热器，通过 DCS 设手动远操，以提供氟化初始反应所需温度。氟化反应开始后，反应产生大量热量，利用风冷却保证将正常反应时产生的热量及时导出。风冷也设置了 6 个冷却风管，在反应器上相对应设置了 6 个壁温测点。设定温度为 320 ℃，通过调节冷却风气动调节阀进行温度调节，并设上限(450 ℃)报警。确保反应器稳定、高产、安全运行。

b. 顶部过滤器的自动反吹：过滤器分成 4 组，反吹分定时反吹和定压反吹。定时反吹：2 h 一次，各组间隔时间为半小时。每组每次反吹时间为 3 s，间隔 3 s 吹 3 次，电磁阀开关顺序和时间与自动定压反吹相同。定压反吹：当反应器顶部扩大段与过滤器之后的压差到上限(4 kPa)时，报警并进行反吹程序控制。先关炉气出口第一组电磁阀，其他三组继续打开工作。过 2 s 开第一组反吹 N_2 电磁阀(其他三组反吹 N_2 电磁阀仍关闭)进行氮气第一组反吹，时间 30 s。然后打开炉气电磁阀，2 s 后关闭反吹电磁阀。若压差值仍保持上限，进行第二组反吹，反吹程序同第一组。直到某一组完成后压差值到下限即可停止反吹。若四组均反吹后压差仍为上限就需停料、停炉，对烧结过滤管进行清洗检修。

c. UF_4 加料自动反馈调节：根据氟化反应器出口炉气中氟气含量给定值(5%～8%)，利用在线紫外光谱分析仪所得氟气浓度、进料装置称重信号以及氟气流量信号进行组态，控制进料装置螺旋输送器电机转速来实现 PID 自动反馈调节进料。

④ UF_4 给料斗(F-21/1-2)：料位与星形给料器转速联锁，以保持料位恒定。

⑤ 中间料斗(F-23/1-2)：料位与 UF_4 螺旋输送器(F-27/1-2)转速联锁，以保持料位恒定。

(3) 其他检测内容

主要的压力、压差、温度、流量等均可在 DCS 系统上显示，风机、加热器、螺旋输送器、膜压机等均可通过 DCS 控制其启停并指示其运行状态。为了方便膜压机的操作与调节，在膜压机间就近设置有膜压机控制间。同时膜压机间设两个 F_2 气体检测报警装置，当氟气浓度达检测限值(1 mg/m^3)报警同时联锁停止膜压机工作。

(4) 主要仪表和控制设备选型

控制系统采用国内成熟的集散控制系统，压差变送器采用单晶硅谐振原理的智能型变送器，对于测量介质中含有 F^-的，其测量元件的灌充液及远传毛细管灌充液为氟油，接触工艺介质的隔离膜片为蒙乃尔或哈氏合金。热电阻、热电偶选用川仪十七厂产品；称重选择常州托利多电子衡有限公司的称量设备。

1.6 备用设备

该系统备用设备情况如下：

(1) 氟气除尘器(F-03/1-6)：两用四备，每条生产线备用 2 台。

(2) 氟气膜压机(F-04/1-3)：两用一备。

(3) 冷却风机(F-19/1-3)：两用一备。

(4) 尾气除尘器(F-30/1-4)：两用两备。

上述氟气除尘器由于需要经常清洗检修,为了保证生产的连续运行,故每条生产线备用两台。

2. 冷凝液化系统

2.1 功能描述

UF_6 冷凝液化系统主要功能是将来自氟化系统工艺炉气中的气体 UF_6 通过冷凝器将 UF_6 冷凝分离出来,然后通过加热液化将产品液体 UF_6 装入 3 m^3 成品容器中。工艺气体经过冷凝器的冷凝捕集、F_2 回收、HF 回收后,其不凝性尾气部分仍含有少量 F_2、HF 以及微量的 UF_6,利用炭化炉中的木炭与 F_2 反应,淋洗塔中的 Na_2CO_3 溶液与 UF_6、HF、F_2 反应将其中的有害成分进行吸收与反应,处理后的尾气排入局排系统送排风净化中心处理排放。

2.2 主要设备

(1) 冷凝液化系统包括两条生产线,每条生产线包括一级冷凝器(额定装料量 28.5 t)4 台、二级冷凝器(额定装料量 9.5 t)2 台、三级冷凝器 2 台和 HF 回收冷凝器 1 台。

各设备间的关系为:来自氟化工序的工艺气体依次通过一级冷凝器、二级冷凝器的捕集,未冷凝的工艺气体返回氟化工序的氟气回收器处理。来自氟化回收器的工艺气体进入三级冷凝器的冷凝处理,然后进入 HF 回收冷凝器(冷冻温度−80 ℃)对其中的 HF 进行冷凝回收,排出的尾气送尾气处理系统处理。

一级冷凝器:每条生产线选用 4 台,一台冷凝生产、一台液化转移、两台备用。一级冷凝器采用双 U 型管新型冷凝器,其直径 1 800 mm,长度约 8 000 mm,有效容积约 17 m^3,换热面积约 300 m^2,额定装料量 28.5 tUF_6,冷却介质为−5 ℃乙二醇溶液。

二级冷凝器:每条生产线选用 2 台,一用一备。二级冷凝器的直径 1 600 mm,长度约 7 500 mm,有效容积 12.5 m^3,换热面积约 220 m^2,额定装料量 9.5 tUF_6,冷冻介质为−25 ℃乙二醇溶液。

三级冷凝器:每条生产线选用 2 台,一用一备。设备直径 900 mm,容积 1.5 m^3,冷凝面积约 60 m^2,冷冻介质−35 ℃冷冻盐水。

HF 冷凝器该冷凝器的冷凝器面积约 4 m^2,冷凝器的直径约 900 mm,长度约 3 000 mm。采用的−80 ℃的冷冻介质。

(2) 尾气处理系统冷凝液化系统对应分为两条生产线,每条生产线包括两台炭反应器、两台淋洗塔以及两台风机。

各设备间的关系为:来自 HF 回收冷凝器的尾气进入炭反应器,使尾气中的 F_2 与其中的木炭反应,然后进入淋洗塔,使碳酸钠溶液对尾气中的有害成分(F_2、HF 等)进行吸收反应,排出的尾气通过风机排放到排风系统。

炭反应器:每条生产线选用 2 台,一用一备。炭反应器直径 0.9 m,木炭的充填高度 2.5 m,尾气在炭反应器中的停留时间约为 2 min。

淋洗塔:每条生产线选用 2 台,一用一备。塔直径 600 mm,高约 4.5 m。填料为硬聚氯乙烯拉西环,填料高度约 2 m。

2.3 设计描述

冷凝液化系统的设备结构材料大致分为两类:第一类,与低温冷冻介质接触的设备,由于设备在低温状态下易产生“冷脆”,故设备主体结构材料选用耐低温的 16 Mn、16 MnR 材料，该类设备包括一、二、三级冷凝器以及 HF 回收冷凝器；第二类，与气体 UF_6 或液体 UF_6 接触的设备以及其他基本无腐蚀性的设备，因为 UF_6 和 F_2 对碳钢表面有钝化的效果，在表面可形成致密的保护层，故该类设备主体材料选用碳钢。

设计温度和压力以 UF_6 倒料时液化或气化时的加热温度 100 ℃为上限，相应的温度下 UF_6 气体压力 0.5 MPa，为压力上限；三级冷凝器管程−35 ℃冷冻盐水为温度下限，HF 回收冷凝器管程−80 ℃为该设备温度下限。

由于本系统是处理天然铀的转化生产，因此设备的容积、结构等不考虑临界因素。

尾气处理系统的设备结构材料大致分为两类：与尾气接触的材料和设备采用碳钢，因为 UF_6 和 F_2 对碳钢表面有钝化的效果，在表面可形成致密的保护层，因此使用碳钢材料完全可以满足对 UF_6 和 F_2 的耐腐蚀性要求；与淋洗液接触的淋洗塔和配碱槽使用碳钢衬胶，以避免碱液对碳钢的腐蚀。

2.4　安全特性与保障

冷凝液化是非常关键的工序之一，该工序是接收氟化工序来的含 UF_6 的工艺气体，通过冷凝使 UF_6 分离出来，再经过加热液化，将产品 UF_6 装入 3 m^3 产品容器中。本工序中工艺管道和工艺设备中的 UF_6 浓度高，并且有液体 UF_6，因而要求其安全性高。

在管道安装中要求含 UF_6 气体的工艺气体管道和液体 UF_6 管道为质保一级，管道焊缝为 100%探伤。工艺设备中一、二、三级冷凝器均为三类容器，质保一级。

正常条件下确保运行安全的操作技术：

(1) 冷凝液化系统投入运行前首先启动尾气处理系统，保证尾气处理系统已在有效运行后，才将冷凝液化系统投入运行。其原因是确保系统无论是否正常，尾气处理系统都可保证对有害气体进行处理。

(2) 一、二、三级冷凝器装料量均设限值，其中一级冷凝器装料限值主要考虑对应四台 3 m^3 成品容器的装料量，二、三级冷凝器的装料限值是考虑保证冷凝捕集效率。当冷凝器装料达到限值时，可由操作人员将其切换到备用冷凝器从而保证系统的连续运行。

(3) 一、二、三级冷凝器停止冷凝后，通过解冻、液化(或气化)进行出料或倒料，解冻温度在 40 ℃，一、二级冷凝器加热介质的温度为 93 ℃的乙二醇，三级冷凝器加热介质为压力 0.3 MPa 的蒸汽(气转热源)。

冷凝液化系统分为两条生产线，每条生产线上的一、二、三级冷凝器均有备用设备。以一级冷凝器为例，在正常生产中，通过切换阀门将工艺气体引入备用设备，从而实现系统的连续运行。在异常情况下，各一级冷凝器间可采用切换进气口方式切换运行设备，通过释压管线气转物料。由于一级冷凝器的冷凝效率超过 95%，二、三级冷凝器的负荷较低，其主要作用是提高生产线的产品收率，其运行一般不会对安全产生大的影响。

一级冷凝器额定装料量为 28.5 t，二级冷凝器额定装料 9.5 t，三级冷凝器额定装料为 1 t。通过冷凝器下方的电子秤设报警通知操作人员，若一级冷凝器出现超装现象可通过冷凝器间的对轴转移超重的物料。同时二、三级冷凝器实际可装料量有很大的富余，控制其装料量主要是为保证二、三级冷凝捕集效果，因此有充足的安全富余度。

尾气处理系统处理尾气中含有的 UF_6、HF、F_2 等有害气体。两条生产线分别对应接收冷凝液化两条生产线的尾气。尾气经炭反应器后，UF_6、F_2 大部分被除去，再经过淋洗塔后，尾气中的有害物基本已被除去。

在正常生产的条件下，当炭反应器中需要添加木炭和卸渣时，将尾气切换到备用的炭反应器，以保证尾气处理的连续性；若炭反应器出现堵塞、温度异常等情况，及时切换到备用设备。尾气淋洗处理中，当淋洗塔及其对应的碱液槽中[F^-]浓度达到 15 g/L 的限值时，将氟化尾气切换到备用的淋洗塔及其碱液槽处理，以保证系统连续运行；若淋洗塔出现压差异常、尾气处理效果明显降低等情况时，及时切换到备用设备。

2.5 运行参数与运行限值(表 7-7)

表 7-7 冷凝液化及尾气处理工序工艺运行参数与运行限值

控制项目	单位	运行参数	运行限值	测量方法	控制方法
工艺气体管道伴热温度	℃	≥70	70	温度计	蒸汽伴热，保温
液体 UF_6 管路温度	℃	≥70	70	温度计	蒸汽伴热，保温
一级冷凝器冷媒进出口温度	℃	−5～0		温度计	调节流量
二级冷凝器冷媒进出口温度	℃	−25～−20		温度计	调节流量
三级冷凝器冷媒进口温度	℃	−35±1		温度计	调节流量
二、三级冷凝器气相物料转移温度	℃	65～93	65	温度计	调节热媒流量
一级冷凝器液体 UF_6 转移温度	℃	93±3	98	温度计	调节热媒流量
一级冷凝器液相物料转移速率	kg/h	≤6 000		电子秤	调节阀门开度
一级冷凝器进出口压差	Pa	200～1 000		压力表	控制装填量，上限报警
二级冷凝器进出口压差	Pa	200～600		压力表	控制装填量，上限报警
一级冷凝器物料额定装填量	t	≤28.5	28.5	电子秤	上限报警
二级冷凝器物料装填量	t	≤9		电子秤	上限报警
三级冷凝器物料装填量	t	≤1		电子秤	上限报警
2 S 瓶取样量	g	700～1 000		电子秤	定量管控制
炭化炉夹套温度	℃	<80		温度计	调节水、水蒸气流量
炭化炉入口压力	Pa	−300～−100		压力表	强制排风，保持系统畅通性

2.6 仪表

(1) 检测、控制水平

对冷凝液化(01-7)的主要工艺参数采用 DCS 系统进行检测控制，在中央控制室集中显示与控制；为方便就地操作、系统调试及故障处理，在本工序设有的自控设备间，放置本系统 DCS 过程控制站机柜。

为确保 DCS 系统的安全可靠，对控制器、电源、通讯采用冗余配置。

(2) 检测与报警内容

一级、二级、三级冷凝器内温度指示，UF_6 气体进、出口及乙二醇进出口温度指示，50 L 容器冷却器、蒸发器温度指示，炭反应器内及夹套温度指示。

一级、二级冷凝器压力指示，一级进、出口干管压差指示为 200～1 000 Pa；二级进、出口干管压差指示为200～600 Pa。淋洗塔进、出口压差指示。

淋洗塔碱液入口流量指示。

配碱槽、碱液槽液位指示。

一级冷凝器称重并上限(28 500 kg)报警，二级冷凝器称重并上限(9 500 kg)报警，三级冷凝器称重并上限(1 000 kg)报警。

3 m^3成品容器装料称重并上限(9 500 kg)报警。

另外，为防止卸料过程由于容器泄漏造成UF_6气体泄漏，在一级冷凝器旁以及卸料小室内均设置HF检测报警装置，当HF浓度超标时自动联锁打开喷淋系统电磁阀。

2.7　备用设备

本系统为两条冷凝液化生产线，与氟化工序的两条线相对应，每条线有4台一级冷凝器，2用2备；2台二级冷凝器，1用1备；2台三级冷凝器，1用1备。

尾气处理系统分为两条生产线，与冷凝液化的两条生产线相对应，每条生产线有2台炭化炉，1用1备；2台淋洗塔，1用1备；2台风机，1用1备。

3. 电解系统

3.1　功能描述

电解生产系统包括电解系统、氟化氢供料系统、热水循环系统、氢气净化系统(也可称为“阴极气体处理系统”)、脱水阳极气体处理系统、F_2-HF分析系统和检修系统等，其功能是将无水HF电解分离成氟气和氢气，其中氟气供给UF_6生产系统，氢气经净化系统除去HF后排空。各系统主要工艺过程如下：

(1) 电解系统

电解槽采用10 kA中温制氟电解槽(Z-01/1-48)，以二氟氢化钾熔融盐[KF·(1.8～2)HF]为电解液，以无水氟化氢(AHF)为原料，使用高频开关电源一对一供给0～10 kA的直流电进行电解。电解过程中电解槽阳极表面析出氟气，阴极表面析出氢气。各电解槽阳极产生的氟气夹带一定量的HF和电解液，先经除尘器(Z-02/1-48)捕集除尘去除其中夹带的电解液，经管道汇集至氟气总管，氟气总管中的氟气再经氟气总管除尘器(Z-07/1-4)除尘后经管道输送至氟化部分。阴极产生的氢气夹带一定量的HF和电解液，先经除尘器(Z-03/1-48)捕集除尘去除其中夹带的电解液后，再经管道输送至阴极气体处理系统。

(2) 氟化氢供料系统

无水氟化氢(AHF)采用集中供料的方式，从氟化氢蒸发罐来的HF气体，由管道输送至电解大厅，然后从AHF供料总管引出支管分槽连续供给各电解槽。电解槽运行过程中通过电子秤对电解槽进行称重，通过HF气动阀与电解槽称重连锁自动调节AHF加料量。同时，为保证AHF的供料压力稳定，在每台电解槽的AHF供料支管使用油封器(Z-05/1-48)进行稳压。

(3) 热水循环系统

电解槽内电解质的熔化和电解过程中多余热能的排出均由热水循环系统来完成，热水循环系统采用软化水。根据电解质熔点约为72 ℃的特性，首先将热水循环槽(S-01/1～4)中的软化水通入水蒸气，由热水循环泵(S-02/1～4)在不断循环过程中配制成约80 ℃的热水，同时在循环过程中分别经混合器(Z-04/1～48)再通入部分蒸汽使软化水温达到90 ℃后送入各电解槽,通过不断的热水循环最终使槽内电解质全部熔化。在电解过程中,经过电解槽的热水回水温度升高到约 90 ℃,热水回水首先通过板式换热器(S-03/1～8)进行冷却,热水在板式换热器经循环生产上水冷却到约 80 ℃后进入热水循环槽,再通过热水循环泵进入热水系统中。当进入电解槽的热水上水温度过低(≤75 ℃)时,打开混合器的水蒸气进口阀门调节水温。生产过程中,根据热交换器的热水出口温度自动调节冷却水量。电解槽的热水进、出温度分别控制为 80 ℃、90 ℃。

(4) 氢气净化系统

各电解槽产生的氢气经除尘器(Z-03/1-48)捕集除尘,除去其中夹带的电解液,然后汇集至氢气总管,送至氢气洗涤器(H-01/1-2)经鼓泡水洗除去 HF 后,氢气通过阻火器(H-03)排出室外后采用点火装置点燃(放空)。鼓泡产生的含氟废水经分析 F达到 15 g/L 后由氟塑料磁力驱动泵(H-02/1-2)送至中核四〇四有限公司低放废液处理中心的 09 子项——含铀含氟处理站进一步处理。

(5) 脱水阳极气体处理系统

电解生产中电解液含水率要求≤0.05%,否则易产生极化现象。因此,电解前,先要对新鲜电解质进行脱水处理。脱水采用低电流运行,脱水时产生的阳极气体(含 O_2、F_2、HF 等)经炭反应器(T-01/1-2)、钠石灰吸收器(T-03/1-2)和尾气捕集器(T-03/1-4),除去氟气及氟化氢后,经高压离心通风机(T-04/1-2)排入风道,送排风机房进一步处理。

(6) F_2-HF 分析系统

F_2-HF 分析系统的作用是为了检测新鲜电解质在电解槽中脱水是否达到要求,当检测合格后才可进入 UF_6 生产系统。分析后的废气经钠石灰吸收器净化后,通过小型真空泵排入风道。

(7) 检修系统

需要检修的电解槽用手动平车经地面轨道运出电解大厅外,然后用叉车运至检修间。为满足检修所需,在检修间内设置有电解槽盖修理夹具、组装架、清洗槽、电热烘干箱等设施。需要检修的电解槽(或其内部构件)放置于搁架上,用起重机吊至组装架上进行拆卸,拆卸、组装用气扳机的压缩空气由移动式空压机供给。拆卸后需要清洗的零部件送清洗槽,采用水洗、碱洗和水蒸气吹扫相结合的清洗工艺进行清洗操作,清洗废水经分析 F^-达到 15 g/L 后经氟塑料磁力驱动泵送中核四〇四有限公司低放废液处理中心的 09 子项——含铀含氟处理站进一步处理。清洗合格的零部件送电热烘干箱烘干后,然后送至组装架组装。阳极组件、阴极组件等电解槽的内部构件均需进行烘干。烘干温度根据烘干对象的材质进行控制,一般控制在 110～130 ℃。

3.2 设计描述

该系统设备结构材料大致分为三类:第一类,与 HF、F_2 接触的设备(指电解槽隔膜材料),由于其高温状态下腐蚀性较强,故设备结构材料选用蒙乃尔合金;第二类,与稀 HF 酸接触的设备,设备主体材料为碳钢衬聚四氟乙烯;第三类,基本无腐蚀性的设备,设备主体材料选用碳钢。

该系统主体设备为 10 kA 中温电解槽(Z-01/1-48),10 kA 碳钢中温制氟电解槽是中核集团公司八一四厂独立开发的,其电流密度可达 0.12 A/cm^2,并在中核四〇四有限公司铀转化 3 000 tU/a 建设工程中成功应用,并具有长期的生产经验,本工程仍选用 10 kA 中温电解槽作为电解制氟的主设备。其主要技术参数如下：

单台电解槽最大电流可达 10 kA、稳定运行电流 8 000 A

阳极电流密度：0.12 A/cm^2

电流效率(%)：90～93

极间电压：8～12 V

运行温度(℃)：100～120

碳阳极数量：24 块

槽体材料：碳钢

外形尺寸(mm)：2 440×1 450×1 200

3.3 安全特性及保障

该系统不涉及核安全和辐射安全，主要是防火、防爆与化学危害。安全特性与保障措施如下：

(1) 防火与防爆

由于在电解制氟的同时也电解出了氢气，而氢气属于易燃易爆性气体，与空气混合的爆炸下限为 4.15%，爆炸上限为 75%，火灾危险性为甲类。故该厂房防火、防爆尤为重要。

① 氢气爆炸危险性分析

目前电解产生的氢气不进行贮存和使用，而是经水洗去除 HF 后，再经阻火器排出室外放空。根据年产 6 000 tU 生产能力计算，配套的电解制氟生产，每小时最多可产生氢气约 95 Nm^3，电解大厅的空间至少在 30 000 m^3 以上，由于氢气密度小，厂房内局部可能导致氢气积聚的区域只能是接近屋顶的上部空间，按照柱顶至屋面板下方计算，整个空间约 4 300 m^3。由于电解槽基本在厂房内是均布的，每小时仍然按产生氢气 95 Nm^3 全部泄漏计算，在该区域内达到 4%爆炸下限的时间为 1.8 h，再加上厂房内有每小时 8 次以上的换气次数，车间内的氢气浓度是根本达不到爆炸下限的。对于阴极气体处理间，每小时仍然产生氢气 95 Nm^3，其空间只有 600 m^3，若氢气全部泄漏至厂房内，要达到 4%的爆炸下限，只需要 15 min。但房间内也有每小时 8 次以上的换气次数，平均 8 min 换气一次。因此，房间内的氢气浓度理论上也是达不到爆炸下限的。

② 防火、防爆安全措施

首先将电解大厅和氢气净化间火灾危险性确定为甲类，耐火等级二级，厂房设置为单层厂房。将电解大厅与其他房间单独隔开，氢气净化间独立设置，并加大通风换气次数。同时电解大厅隔墙采用防爆墙，电解大厅泄爆面考虑从屋顶泄爆，屋顶采用轻质材料，自重不超过 120 kg/m^2。氢气净化间泄爆面为四周外墙。这样，即使发生爆炸，其所产生的影响也是比较小的。

另外，在电解大厅和氢气净化间还设有氢气检测报警装置，当氢气浓度达到爆炸下限的 25%时将发出报警信号，报警信号传到电解控制室和中央控制室，同时与相应事故风机联锁，开启事故风机，将爆炸隐患消除在萌芽状态。

(2) 防毒和防腐蚀

该系统的防毒主要是防止 F_2、HF 及 KHF_2 的泄漏，防腐蚀主要是防止 HF 酸、KHF_2 对设备造成的腐蚀。

① 氟气

氟气是最活泼的非金属元素，高温下几乎可以和所有元素化合，能分解水，生成臭氧和氟化氢,在黑暗中就能与氢直接化合,氟气为高毒物质。

② 氟化氢

无水氟化氢能使皮肤严重灼伤,溶于水可激烈地反应放出大量的热成为氢氟酸。氢氟酸极易挥发,有刺激性气味,高毒,触及皮肤则溃烂,腐蚀性极强。

③ 二氟氢化钾

二氟氢化钾有毒,略带酸臭味,易溶于水,水溶液呈酸性,在干燥空气中不致失去氟化氢,在潮湿空气中则吸收水分而放出氟化氢。

针对上述情况,电解大厅设置强制通风系统,换气次数为 8 次/每小时,以保证操作人员的身体健康。所有设备管道组成一个密闭系统,以防止有毒气体逸出,特别是电解槽检修时,在拆槽前和停槽后开车时,必须先用氮气吹扫干净,以免氟与氢混合发生爆炸性化合反应。同时,在电解液操作时应带好防毒面具或口罩,操作完毕后必须洗手。如果有电解液沾染皮肤时,必须用大量水冲洗,再以小苏打水洗涤,并涂敷防护药膏。

另外,在电解大厅还设有氟气和氟化氢气体检测报警装置,当氟气和氟化氢浓度达到 1 mg/m^3 时将发出报警信号,报警信号传到电解控制室和中央控制室,同时与相应事故风机联锁,开启事故风机,以保证操作人员的健康。

3.4 运行参数与运行限值(表 7-8)

表 7-8 电解制氟工序运行参数与运行限值

控制项目	单位	运行参数	运行限值	测量方法	控制方法
电解槽槽中温度	℃	85～105	105	温度计	调节热水入口气动阀
电解槽槽边温度	℃	85～105		温度计	调节热水入口气动阀
电解槽循环水进口温度	℃	80～85		温度计	换热器调节
电解槽循环水出口温度	℃	85～90		温度计	调节热水入口气动阀
换热器热水出口温度	℃	80～85		温度计	调节冷却水入口气动阀
电解槽阴极空间压力	Pa	±680	680	压力表	
电解槽阳极空间压力	Pa	±680	−680	压力表	
电解槽阴、阳极气体出口管压差	Pa	680		压力表	上限报警
电解槽电解液重量	t	5		电子秤	调节 HF 入口气动阀
炭反应器夹套温度	℃	60～80		温度计	调节水、水蒸气流量

3.5 仪表

(1) 检测、控制水平

该系统为连续生产,除检修外现场很少操作,故该系统的检测控制以控制室为主。对主要工艺参数采用 DCS 系统进行检测、控制。对次要参数并根据工艺要求设置就地指示仪表,方便就地操作。DCS 系统主要进行数据采集、控制运算、控制输出、设备和状态监视、报警监视、远程通信、实时数据处理和显示、历史数据管理、日志记录、事故顺序识别、事故追忆、图形显示、控制调节、报表打印、高级计算,以及所有这些信息的组态、调试、打印、下载、诊断等功能。数据采集处理、画面显示、报警显示、调节控制、联锁保护等。为确保 DCS 系统的安全可靠，对控制器、电源、通讯采用冗余配置。本系统 DCS 过程控制站机柜放置于该系统的控制室内。

（2）信号联锁及调节回路

① 电解槽(Z-01/1-48)

a. 温度：电解槽温度与热水入口气动调节阀联锁，反馈调节热水循环的流量，从而保证电解槽温度控制在 100～120 ℃范围内。

b. 称重：称重仪表指示值与 HF 入口气动调节阀联锁，反馈调节 HF 进料量，从而保证 HF 进料量的稳定。

c. 压差：电解槽的阴阳极出口管压差上限报警并与电解槽电源联锁，一旦到达上限，自动切断电解槽的供电系统。

② 板式换热器(S-03/1-8)：热水出口温度与冷却水入口气动调节阀联锁，从而保证热水出口温度的稳定。

③ 毒性气体和可燃气体浓度与事故排风装置联锁，报警信号传到电解控制室和总控制室。

（3）其他检测内容

主要的压力、温度等均可在DCS系统上显示，风机、泵等均可通过DCS控制其启停并指示其运行状态。在电解大厅和氢气净化间内设有氢气泄漏检测报警系统，在电解大厅内设有 HF、F_2 泄漏检测报警系统。

由于电解槽的阴极气体为 H_2，属ⅡC 类爆炸性气体，其爆炸范围宽，传播速度快，点燃能量低。因此，电解制氟流程的远传检测仪表及执行器一律采用本质安全型，并组成本质安全回路。

（4）主要仪表和控制设备选型

控制系统采用国内成熟的集散控制系统，压差变送器采用单晶硅谐振原理的智能型变送器，对于测量介质中含有 F^-的，其测量元件的灌充液及远传毛细管灌充液为氟油，接触工艺介质的隔离膜片为蒙乃尔或哈氏合金。

热电阻、热电偶选用川仪十七厂产品；称重选择常州托利多电子衡有限公司的称量设备；HF 毒性气体监测及 H_2 检测采用深圳市索福达电子有限公司的 SFD-300 系列；安全栅选用上海本安仪表厂产品。

3.6　备用设备

该系统溶解厂房内备用设备情况如下：

（1）电解槽(Z-01/1-48)：备用 6 套，每条生产线备用 3 套(含除尘器、混合气和油封)。

（2）除尘器(Z-07/1-4)：氟气总管用除尘器两用两备。

（3）脱水阳极尾气处理系统备用一套。

（4）氢气洗涤器(H-01/1-2)：一用一备。

（5）氟塑料磁力离心泵(H-02/1-2)：一用一备。

（6）热水循环泵(S-02/1-8)：四用四备。

（7）板式换热器(S-03/1-8)：四用四备。

4. 核原料库中的安全特性与保障

由于固体U_3O_8不挥发,即使发生洒落情况也非常容易处理干净。但3 m^3成品容器内装固体UF_6,若发生泄漏会对周围环境产生影响。因此,该部分的安全保障措施主要针对3 m^3成品容器。

(1) 预防UF_6气体泄漏的措施

① 起重机操作员必须经过专业技术培训,取得执业证书后方可上岗操作。

② 吊运时必须严格按照操作规程进行,即吊运前必须把专用吊具与3 m^3六氟化铀容器吊耳之间的销锁死,同时把专用吊具与起重机吊钩之间的锁扣装置锁定,以防止专用吊具脱钩。

③ 在吊运过程中若出现断电情况,应及时采用手动盘车措施将3 m^3六氟化铀容器安全放置到就近的库房地面上。

④ 起重机及其钢丝绳必须严格按照起重机械要求定期进行检修和更换。

⑤ 3 m^3 产品容器在装料前要经过严格核查,包括焊缝情况和吊耳的牢固性;同时定期检查吊车钢丝绳及吊具的牢固情况;

⑥ 定期检测3 m^3容器的器壁厚度,若不满足要求及时更换。

⑦ 在现场配备更换用的阀门、急救用的锥形木塞等,以尽可能缩短处理时间,减少污染物的释放量。

(2) 泄漏事件的控制

首先,3 m^3 容器发生损坏的可能性极小,即使阀门损坏甚至阀门接管断裂,由于 UF_6 在3 m^3 成品容器中仍为冰状,其容器内部相对于周围环境来说为负压。UF_6 容器阀门接管断裂后,在短时间内,UF_6 不会泄漏到空气中,只有当容器内外压力相当时,才会有少量的 UF_6 泄漏到空气中。但在极端情况下,若发生UF_6气体泄漏需采取控制措施如下:

① 工作人员迅速穿戴特殊防护用品(防护服和氧气呼吸器等),立即进入事故现场;

② 阀门损坏时,在现场迅速更换新的阀门;

③ 阀门接管断裂时,在现场用锥形木塞插入阀门接口管,外观检查保证不漏;

④ 由于本事故发生的可能性极小,从经济角度考虑,未设事故倒料装置。万一发生此类事故,经上述简单处理后运往用户通过专用装置进行倒料处理。

第八章　生产管理高级技师技能

第一节　核材料闭合衡算措施

学习目标：通过本部分的学习，使学员了解生产计划、技术总结等技术文件编制要求，具有对岗位操作规程、工艺规程提出修订意见的能力，具有贯彻执行新工艺质量标准及进行质量分析与控制并提出预防及改进措施的能力，具有协助部门进行生产计划实施的能力。

一、核材料平衡区(MBA)和物项控制区(ICA)

铀纯化转化区应设置核材料平衡区(以下简称平衡区)和物项控制区以满足对核材料定位、识别、盘存和控制的要求，及时探知核材料的丢失。

1. 核材料平衡区

平衡区划分应遵循以下原则：

(1) 平衡区的大小应便于核材料准确测量，有利于核材料衡算管理；

(2) 应尽量与实体边界相一致，平衡区之间应避免互相交叉；

(3) 应有利于采用封隔/监视措施，以减少测量工作量和保证核材料流量测量的完整性；

(4) 平衡区的划分可考虑企业商业敏感数据的保密性。

具体分区如下：

MAC1 平衡区：原材料入口区。

MAC2 铀纯化生产区：二氧化铀生产厂房(01-01 至 01-04 厂房)。

MAC3 铀转化生产区：六氟化铀生产厂房(01-05 至 01-07 厂房)。

MAC4 铀回收区：含铀废液处理厂房。

MAC5 UF_6贮存区：六氟化铀产品库。

2. 关键测量点

关键测量点是确定核材料流量或存量的部位，按照工艺流程工序的划分设置。流动测量点是生产工艺过程中的物料流量测量点。关键测量点分为：流动关键测量点和盘存关键测量点。盘存测量点是生产工艺过程中的物料滞留在工艺设备、管道等位置的现场测量点。流动关键点用阿拉伯数字标识，盘存关键测量点用大写英文字母表示。

3. 物项控制区

铀纯化转化厂应在核材料接收、发运以及库房对核材料设置物项控制区，将核材料作为件料进行控制。物项控制应满足以下条件：

(1) 核材料必须是装在有标识的容器内，容器应加上封记；

(2) 只有授权的人员能进入物项控制区，对该区定期进行检查；

(3) 建立封记应用的管理规程,应包括封记的储存、控制、使用和处置等内容;

(4) 对物项的状态进行记录,记录内容应包括物项的物理和化学形态、材料量(包括元素量和同位素量)、封记和物项的标识号等。

二、核材料管理

1. *核材料调入*

核材料接收应在物项控制区进行,应建立和实施核材料调入管理规程:

(1) 检查发运文件,按发货单核实物项的标识,检查包装和封记的完整性,核查物项数。

(2) 由核材料衡算管理员负责对测量数据进行登记并填写核材料接收记录和报告,作为技术支持性文件保存,收货文件应有负责人签字。

(3) 核材料重量数据原则上以发方数据为准,收方应复核物项重量。但进行核材料闭合衡算时,应采用自己的测量数据。如果收发差超过 2 倍收发差的标准偏差,则说明存在显著性差异。

(4) 当发现物项标识不清、密封破损等异常现象或出现显著统计性差异或收发差超过双方合同中规定的限值时,铀纯化转化厂应通知发方进行调查。

2. *核材料调出*

核材料发运应在物项控制区进行,应建立和实施核材料调出管理规程:

(1) 核材料发运时,应检查发运物项的核材料数量、标识和封记等。

(2) 在发货后,核材料衡算管理员应填写核材料发运记录和报告。

3. *核材料内部转移*

铀纯化转化厂应建立和实施核材料内部转移管理规程:

(1) 核材料衡算管理员应对内部转移的核材料数量等情况进行记录,并在记录上签字;

(2) 完成转移后,应对平衡区账目进行更新。

4. *核材料贮存*

铀纯化转化厂应建立和实施核材料贮存管理规程:

(1) 记录所贮存的全部核材料的标识、数量和位置的信息,贮存模式应规范化,以方便实物盘存。

(2) 贮存 UF_6、U_3O_8、UO_2、ADU、UF_4 和固、液废物等材料的容器和钢桶应规格化和定型化,为测量和管理提供方便。

(3) 贮存核材料的容器应加上封记。

5. *核废物管理*

(1) 固体废物,按可回收固体废物和不可回收固体废物分类包装后,经无损分析方法检测后记录其核材料数量,对可回收的氟化渣、炭化渣等装入容器,经测量后,密封登记,送往废物库暂存。对不可回收进行暂存或埋藏。

(2) 对生产过程中产生的废水,经回收处理符合排放标准后,予以排放。对连续排放废液及废气应定期取样分析或在线测量,并登记其核材料数量。

(3) 废物作为已知损失进行平衡结算。

三、核材料测量

1. 测量范围

铀纯化转化厂应对所涉及的原料(如U_3O_8)、中间产品(如UO_3粉末、UO_2粉末、UF_4粉末等)、最终产品(UF_6)和过程中滞留的核物料以及固体、液体及气体的排放物中的核材料进行测量。

2. 核材料测量系统

为测量接收、发运、生产过程及库存的核材料量,满足核材料衡算管理的要求,铀纯化转化厂必须建立完整可靠的测量系统。

建立测量系统时应考虑下列内容:

(1) 依据各类被测核材料的类型和特性建立测量方法;

(2) 核材料衡算对测量方法精度的要求;

(3) 测量仪器的技术要求及维修方法;

(4) 标定仪器仪表标准标定方法;

(5) 测量的质量控制及仪器仪表维护方法;

(6) 取样方法。

3. 测量方法

(1) 铀纯化转化厂为散料核设施,核材料测量过程包括取样、总体测量和分析测量。总体测量包括物项的重量或体积的测量,分析测量包括物料中元素浓度和同位素成分的分析。

(2) 选择测量方法时,首要考虑的是测量方法的精确度和准确度应满足国家对核材料评估中 MUF 测量不确定度的要求。主要测量方法见表 8-1。

表 8-1　铀转化厂核材料衡算测量方法表

序号	测量方法	执行标准	备注
1	重量法	衡器、计量传递标准	固体总量测量
2	质谱法	企业标准	丰度测量
3	电位滴定法	GB/T 13070—2004 铀矿石中铀的测定电位滴定法	成分测量
4	体积法	企业标准	液面或料面测量,液体总量测量
5	衰变法	企业标准	气体损失测量

(3) 测量系统应尽可能采用规范化的取样方法及标准分析方法,建立严格的记录制度,使测量数据具有良好的可追溯性,并能提供可靠的支持性文件。

(4) 测量分析部门应根据有关标准及规定编制测量方法程序手册。其中应包括:总体测量、取样、化学分析、无损检测方法的详细内容和要求;测量方法变更记录;标定标准及标定方法说明等。

(5) 工艺管道滞留量没有直接测量手段,相关流动测量点的测量值,在生产试运行阶段,与按照投入产出之间的差值估算进行比较,验证测量的可行性、有效性。

(6) 针对固体样品的不均匀性,设置专用固体粉末取样器。固体样采用每批取样一个,混匀,取样量在 50 g 左右。

(7) 液体样采用每类液体取一个样的方法取样。按照核材料的不同液体形态,采用适宜的液体取样器,通常每槽液体一个样,取样量 50 ml。对于六氟化铀液相样,采用专用取样瓶(2 s 容器)取样,每罐三个样。取样量 1 000～1 700 g。

(8) 放射性废气中铀浓度控制在 20 $\mu g/m^3$,分析仪器选用 CAM-1 型放射性气溶胶监测仪,α 探测下限小于 0.05 Bq/m^3,β 探测下限小于 3 Bq/m^3。

仪器探测效率如下:

1. 4π 探测效率(α)

$\eta_{\alpha}(1)\geqslant 0.15$　$\eta_{\alpha}(2)\geqslant 0.20$

2. 4π 探测效率(β)

$\eta\geqslant 0.05$

四、测量系统的质量控制

测量系统的质量控制应从测量方法、组织管理和人员要求三方面来保证。

1. 测量质量管理

铀纯化转化厂应指定部门负责衡算测量系统的质量控制,明确规定测量管理组织的职责权限及与各有关部门的关系。定期进行测量系统的标定和统计评价。向核材料衡算管理机构提供衡算测量所需要的测量方法的系统误差及随机误差的资料。

2. 测量系统的质量控制管理应达到的目标

为估算测量的随机误差和系统误差提供实验依据;为衡算测量提供符合质量要求的证明文件。

3. 测量系统的质量控制标准

测量系统的质量控制标准以《161 衡算导则》中铀纯化转化厂的 MUF 相对标准偏差限值为准,来选定相应的各种测量、分析方法,使其传递的总误差满足国家 MUF 相对标准偏差限值要求。

4. 测量系统的质量控制管理

(1) 铀纯化转化厂必须建立和实施书面的测量质量控制程序,以保证测量系统的有效性。

(2) 在运行前必须对测量系统的性能进行调试、鉴定和验收。

(3) 制定测量系统质量控制计划,以保证测量系统正常运行。包括:

a) 在操作条件下,定期标定或校验测量系统。

b) 建立估算随机误差和系统误差的标准程序。

c) 建立测量系统更新和检修后的标定、验收步骤及程序。

d) 建立测量系统质量控制记录、文件系统,记录标准的来源、制备、维护和使用。

e) 建立测量系统标定、数据处理及异常现象的处理等方法。

5. 测量系统所用标准的制备和使用

（1）收集必需的标样（质量标准及化学、同位素标准）。

（2）确定原料、产品、返料净重质量的标准件质量，用以确定净重的方差。

（3）在测量系统的检定周期内，应利用标样对测量系统进行一次全面的校核，用数理统计、方差分析的方法分析评价标准测量数据。分析评价的结果应形成记录文件并编制详细报告存档。

6. 人员要求

（1）规定测量人员的资格，经常进行指令性的岗位培训和专业培训。

（2）对测量人员要定期进行考核，考核不合格者，应停止测量工作，重新培训考核。

五、核材料实物盘存

1. 盘存规程

实物盘存是核材料衡算管理的基础，是证实核材料存在的手段。铀纯化转化厂应建立实物盘存的规程，严格按规定的要求进行实物盘存。

2. 盘存频度

（1）铀纯化转化厂的盘存频度每年不得少于一次，但连续两次盘存间隔时间不得超过十四个月。

（2）遇到下列情况时必须进行盘存：

a）转入新的批量生产前；

b）发生重大事故，影响核材料衡算正常进行。

3. 盘存的组织及实施

盘存的组织和实施应严格按规定的要求进行，但应使盘存的组织安排对生产运行的干扰减至最少，并能满意地完成实施计划。

3.1　职责分工

核材料管制办公室应组织制定书面盘存程序，规定盘存原则及步骤，并组织有关部门贯彻执行。

（1）铀纯化转化厂盘存负责人必须熟知盘存区，并掌握盘存要求及方法。其主要职责为规划组织负责和实施实物盘存。为此应授予其停车、开车、中断物流和记录的权利以及在盘存过程中的生产管制权，以保证盘存顺利进行。

（2）铀纯化转化厂盘存领导小组必须熟知该平衡区的核材料存在的形态及运行状况。按分级盘存规定全面负责盘存事务，并授予其处理有关组织盘存和实施盘存的权限。但是不经铀纯化转化厂盘存负责人批准，不得偏离盘存程序及原则。

（3）平衡区盘存小组在平衡区盘存负责人领导下，具体负责完成编制盘存清单、贴标签、实施测量和填报数据等工作。为保证实物盘存按盘存规则准确进行，该小组至少由两人组成，其中一人必须熟知本平衡区的情况，另一成员来自其他部门，以监盘员的身份参加实物盘存。未经铀纯化转化厂盘存负责人批准，盘存小组无权偏离盘存规则。

3.2　物流和记录的截止

盘存时，物流必须与相应的记录在特定时刻同时截止。特定时刻的选择应以确定的衡算周期为依据,使核材料盘存量确实代表了盘存时刻的核材料存在量,而该量要准确地反映在相应的盘存记录上。

(1) 核材料收发和废物排放、丢弃的截止

按盘存规则,在选择的特定时刻,一切收、发或废物排放、丢弃活动都应停止。如特别需要,必须经铀纯化转化厂盘存负责人批准后,才能进行收、发或丢弃,并且在收货记录上应注明该材料量不计入本次实物盘存,而在发货记录上应注明该材料量列入本次实物盘存之内。废物排放、丢弃活动原则上应在盘存特定时刻前完成。

(2) 记录截止

收、发及排放、丢弃的记录,在特定截止时刻前完成最后一批收、发记录后应截止,并为核材料衡算周期提供数据。

3.3　盘存准备工作

(1) 制定盘存日程表,编写盘存细则,准备盘存标签和表格。

(2) 对参加盘存的工作的人员,进行针对性的培训,布置具体任务及执行方法。

(3) 各级盘存负责人会同有关质检管理部门,核实采用的测量装置、标定记录和试验记录,确保测量装置的性能完好性。

(4) 参加盘存的各级负责人应提前检查各自负责的盘存区,以便发现问题时,有足够的时间采取改正和补救措施。

(5) 以件料形式的核材料,诸如固体废物桶、成品桶等应摆放整齐,分区存放,便于清点,并且要检查封记,核对标签与记录。

(6) 以散料形式的核材料,事前应归类分级,并转化为易测量的形态,便于盘存。

3.4　实物盘存的实施

严格按盘存细则办事,由盘存小组逐项核对物项、标签,并填写盘存表格。

(1) 实物盘存物项的核材料量必须是测量值。

(2) 实物盘存时应唱报唱记,验证标签,不允许发生漏盘、重盘、漏记、重记。

(3) 经核对盘存记录与实物无误后,编制盘存结果文件。

(4) 解除截止令前,铀纯化转化厂盘存负责人应会同平衡区负责人核查该平衡区内所有物项是否正确贴好标签,并以随机取样的方法核对盘存清单所列数据与标签内容的一致性。如发现差异,应立即采取修正措施。

(5) 核对所有收、发过程与记录的时间是否严格遵守特定的截止时间规定,如发现问题应立即纠正。

3.5　盘存后的活动

实物盘存结束后应尽快核算盘存结果及完成数据调整。配合盘存需要的取样分析工作,要尽力做到及时性。并且对舍入差进行调整,最终进行 MUF 调整。

六、核材料衡算账目与报告

铀纯化转化厂应按国家规定的频度和时限提交报告,其核材料记录与报告应完整、及时、准确、规范,数据应具有可追溯性。记录系统应及时反映设施中核材料的动态分布。

1. 运行记录(源数据)

(1) 运行记录包括:确定核材料数量及组成变化的操作数据记录、容器和仪表的标定数据、取样分析数据、测量质量控制数据、随机误差和系统误差数据、实物盘存数据及事故记录数据。

(2) 运行记录格式,应根据具体操作来设计,但日期、操作结果记录及操作责任者签字是必不可少的。

2. 衡算记录(账目)

铀纯化转化厂应以平衡区为基础建立完整的核材料账目,包括总账、存量变化日志和存量变化文件,详细记录各类核材料的位置、性质和数量。根据需要,在盘存关键测量点建立各类核材料的辅助账。

(1) 总账:平衡周期内所有核材料存量变化记录的汇总,它代表核材料账面存量,平衡区应建立不同类型核材料的各类总账。

(2) 辅助账:盘存关键测量点存量的汇总。

(3) 存量变化日志:对于核材料品种较多、存量变化频度高的单位,可建立各类核材料存量变化日志,按照存量变化日期逐行记入每个存量变化文件的变化总量。

存量变化日志的月累计量,按月记入平衡区各类总账。

(4) 存量变化文件:根据运行记录逐项记入存量变化的每个物项的识别号和材料量,每个存量变化文件的总量应记入各类总账、辅助账和存量变化日志。

3. 衡算报告

核材料衡算报告至少应包括下列内容:

(1) “核材料交接统计报表”(R01)

当核材料进行国内转移时,调出单位应在核材料转移发生时填报“核材料交接统计报表”(R01)。调入单位应对调出单位寄送的“核材料交接统计报表”(R01)进行确认、盖章,并填报调入单位的核材料测量数据。

(2) “核材料出入境统计报表”(R02)

当核材料进行出入境国外转移时,核材料持有单位应填报“核材料出入境统计报表”(R02)。

(3) “核材料库存变化统计报表”(R03)

当核材料发生国内转移、国外转移和其他类型的核材料存量变化时,核材料持有单位应填报“核材料库存变化统计报表”(R03)。

(4) “核材料库存统计报表”(R04)

在核材料平衡周期末完成核材料实物盘存后,核材料持有单位应填报“核材料库存统计报表”(R04)。

(5) “核材料平衡统计报表”(R05)

在核材料实物盘存后完成材料平衡结算时,核材料持证单位应填报“核材料平衡统计报表”(R05)。

七、核材料衡算管理及评价

1. 核材料衡算及评价的条件

(1) 所有进入核材料衡算的数据,必须是实测值,而所用测量系统的误差必须是已知的。

(2) 所有数据具有可追溯性,并具有可靠的技术性文件。

2. 衡算评价

铀纯化转化厂应在平衡周期末进行核材料平衡结算:

(1) 设施测量系统误差传递总标准偏差应符合衡算导则要求即 $\delta_{MUF} \leq 0.3\%$;

(2) 当 MUF 小于或等于 $2\sigma_{MUF}$,达到闭合衡算;

(3) 当 MUF 大于 $2\sigma_{MUF}$ 时,铀纯化转化厂应重新检查盘存结果、账目记录以及测量和测量质量控制系统,对可能的未测量的存量(如滞留量、废弃物)进行调查;

(4) 如果 MUF 大于国家核安全局规定的核材料衡算控制目标量时,应严格调查,并将结果以书面形式上报国家核安全局。

3. 铀-235 的 MUF 评价

铀纯化转化厂核材料衡算重点为金属 U,可用铀元素的 MUF 和 σ_{MUF} 来评价。

1) 重量法(gravimetric method)用于确定在 U_3O_8、UO_2、UF_6 中的铀因子(即重量百分)。把样品(UO_2)装入已知皮重灼烧过的坩埚中,在马福炉(Mufflefurnance)内,温度为(900±25) ℃条件下,灼烧,使 UO_2 完全变成 U_3O_8,同时对样品进行光谱杂质分析,算出 U_3O_8 比 U 的重量因子,由此算出相应样品(UF_6,UO_2 等)的铀重量百分数。

2) $K_2Cr_2O_7$ 氧化还原电位滴定法:用于测定碎碴和溶液中的铀百分含量。

3) 质谱法,用于测定铀-235 的富集度。

4) 荧光法,用于测定废液铀浓度。

5) 无损分析(DNA):测定固体废物铀含量。

6) 容积测量。

a) 每批滤液(来自溶解、铀转化反铀转化、浓缩工序),用液位计测定容积后,用计量泵输往下一工序。每批典型输送量约 6 m^3。

b) 输往离子交换工序的废液,用液位计测槽内容积(约 1.5 m^3)

7) 质量测量:U_3O_8 桶用 1 t 电子秤称量,UF_6 产品容器用 20 t 电子秤称重。

第二节 铀转化厂退役计划

学习目标:通过本部分的学习,使学员能够理解铀转化厂退役原则,具有从事退役工作的能力。

一、退役计划

六氟化铀生产厂的核工程设计寿期 20 年,该工程运行到寿期后,需按计划进行退役。为了保证公司在运行寿期结束以后,公众免受残余放射性和其他潜在危害的影响,必须实施安全有效的退役。

对天然铀纯化、转化工程的退役按去污、拆除等退役方案进行。由于天然铀的放射性很小，其退役程序在去污、拆除后可按工程运行时的废物处理进行，在退役过程中将会产生大量极低放废物，采用就地填埋的处置方式处置。

设施在完成寿期后，进入退役。在设备拆除、运走前需完成其去污过程，即尽量清除设施的残余放射性，去污方法主要为清洗去污。

清洗去污是在生产线停止运行时，进行清洗操作，对主工艺厂房内的设备及管道开始进行清洗去污。首先要对设备和管道进行剂量监测，根据剂量水平，采取不同的去污手段，进行去污处理。采用公司运行期间使用的方法和技术。在清洗时，利用原来的清洗系统，清洗以后，对设备和管道进行剂量监测。清洗后的材料达到要求后经包装送处置。

为了方便今后退役，在工程设计、建造时应做如下考虑：

(1) 公司设计在分区布置、建筑物和设备材料的选择、设备布置、厂区和环境污染的控制以及废物处理和贮存等方面，考虑布局合理及易于拆除、去污，有利于工公司退役。

(2) 工程配套设计清洗去污和废物处理系统，使该工程在运行期内产生的废物得到及时处理，减少最后退役的废物量。

(3) 生产过程中产生的各种铀污染废物应分类收集，分类包装，分类贮存，有利于退役处理，包装容器有足够的机械强度，耐挤压及撞击，耐腐蚀，密封性能好，易于去污和有规定长的寿命，且便于转运。

(4) 选用质量适宜的设备、管道，减少废物量。

(5) 废物的分类存放要求如下：

a) 废物处理的目标是降低废物的放射性水平或危害、减少废物处置的体积；

b) 气态和液态废物的排放不应超过审管部门批准的排放限值，包括放射性总活度和活度浓度限值；

c) 气态和液态废物排放前应对流出物进行监测和控制；

d) 应设置适当的流量和浓度测量设备，对气态和液态废物流出物实施受控排放，液态废物实行槽式排放的要求：$[U] \leq 50\ \mu g/L$、$[F^-] < 20\ mg/L$；

e) 应分类收集放射性废物与非放射性废物、可燃废物与不可燃废物、可压实废物和不可压实废物，以避免混杂和交叉污染，简化废物的进一步处理或处置；

f) 应尽量把免管废物、极低放废物和可供再循环、再利用的物料从废物流中分拣出来，以减少废物的处理和处置量。

对设计文件和设计修改文件应予保存；运行阶段的记录要求：对运行和事故处理记录应保存；对熟悉运行的人员应予保留。

二、退役经费

铀转化工程的退役费用，按要求应在工程运行中逐年提取。

第三节　技术文件编写

学习目标:通过本部分的学习,使学员了解实验方案类技术文件编制要求,具有对岗位操作规程、工艺规程提出修订意见的能力。

实验背景:

通过开展设备单体及联动试验,确认加工采购后的设备符合设计要求,并能够满足试验所需的所有工艺条件,单个设备及整体系统运行安全可靠。并依据开展模拟物料($Al(NO_3)_3 \cdot 9H_2O$)试验,选择合适的工艺条件,制备出一定量的 Al_2O_3 产品,验证其活性。同时根据试验过程中出现的问题对气流式喷雾干燥热解脱硝设备进行优化改进,分析 UNH 雾化干燥、热解脱硝生产高活性 UO_3 的可行性。试编制一份喷雾干燥硝酸铝溶液制备三氧化铝的试验方案,试验方案包括下列内容。

一、试验目的及意义

二、技术路线和技术方案

由 $Al(NO_3)_3 \cdot 9H_2O$ 溶液雾化干燥、热解脱硝试验的工艺技术路线如图 8-1 所示:

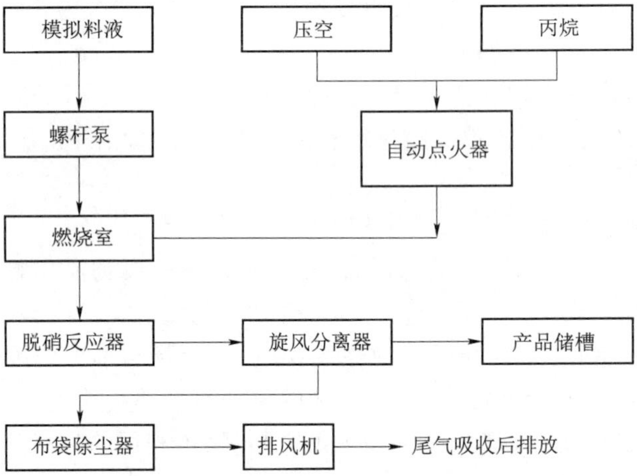

图 8-1　模拟料液试验工艺流程框图

如图 8-1 所示,模拟料液试验的工艺技术路线主要由模拟料液制备供应、丙烷供应、压缩空气供应、喷雾干燥热解脱硝、产品收集、尾气处理等工艺过程组成。

根据工艺技术路线,制定的模拟料液试验系统的工艺流程图 8-2,具体流程如下:

丙烷气体和压缩空气进入燃烧室进行点火燃烧,产生的高温气体达到设定温度后进入脱硝反应器内。同时,模拟料液通过螺杆泵送至脱硝反应器顶部的二流体雾化器,在二流体雾化器作用下料液迅速分散成细微的雾状液滴。这些具有较大比表面积的雾状液滴与高温热气体在温度和湿度上存在较大“梯度”,这种“梯度”强化了气液两相间的质热传递过程。因此,在反应室内,液滴内的水分被迅速蒸发,同时 $Al(NO_3)_3$ 发生热分解反应生成 Al_2O_3 产品。

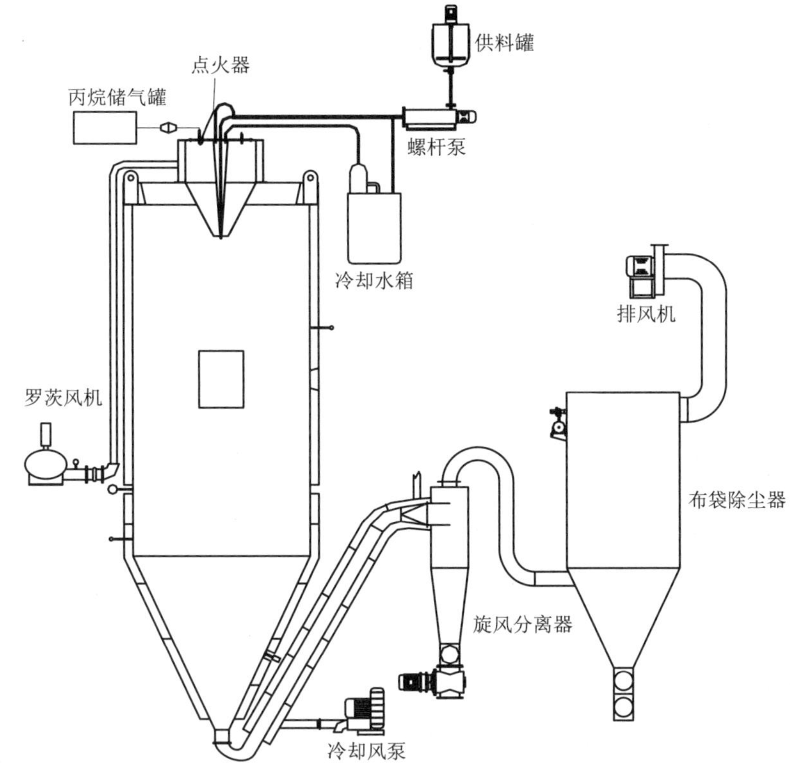

图 8-2　UNH 气流式雾化干燥热解脱硝试验工艺流程示意图

生成的固体产品及气体混合物通过反应器底部管道输送至旋风分离器中，在旋风分离器作用下固体产品与气体混合物分离，大部分固体物质在旋风分离器底部沉降，通过卸料旋转阀转移至产品储槽中；旋风分离器中未沉降的气体混合物及少量固体粉末进入布袋除尘器中进一步分离，少量固体粉末在此处收集。残余尾气通过排风机输送至尾气处理进行吸收净化，净化后的尾气进行排空。

三、试验内容

（一）试验方法及原理

硝酸铝料液通过雾化喷嘴进入反应器后，被丙烷燃烧产生的高温高速雾化气流分散成微小雾滴，雾滴漂浮在反应器热空气中并随着温度上升逐渐蒸发掉其中的游离水，然后脱去结晶水，并逐步开始脱硝反应，当温度超过 200 ℃时，脱硝反应已进行的相当完全，因生成的 Al_2O_3 处于水蒸气氛围中，所以其比表面积与水蒸气分压直接相关。

反应原理：

硝酸铝的热分解反应：

$$4Al(NO_3)_3 \cdot 9H_2O \xrightarrow{\triangle} 2Al_2O_3+12NO_2+3O_2+6H_2O$$

热分解反应所需要的热气通过丙烷与空气燃烧供给：

$$C_3H_8+5O_2 \longrightarrow 3CO_2+4H_2O \quad \Delta rH=-2\ 217.8\ \text{kJ/mol}$$

脱硝尾气中氮氧化物回收原理：脱硝尾气中的氮氧化物主要是二氧化氮，二氧化氮被水吸收变成硝酸和亚硝酸,亚硝酸会分解为水、一氧化氮和二氧化氮。一氧化氮不能直接被水吸收,必须氧化成二氧化氮后才能被水吸收。一氧化氮被氧化时,由于反应条件不同,除了能生成二氧化氮外还可以生成四氧化二氮和三氧化二氮,这些氮氧化物都能被水吸收。氮氧化物被水吸收反应的方程式为:

$$2NO_2 + H_2O \rightarrow HNO_3 + HNO_2 + 1.16\times10^5 \text{ J}$$

$$2NO+O_2 \rightarrow 2NO_2+1.13\times10^5 \text{ J}$$

$$N_2O_4 + H_2O \rightarrow HNO_3 + HNO_2 + 0.59\times10^5 \text{ J}$$

$$N_2O_3 + H_2O \rightarrow 2HNO_2 + 0.56\times10^5 \text{ J}$$

$$2HNO_2 \rightarrow NO + NO_2 + H_2O$$

(二)试验装置

1. 燃烧室的选型

在调研和论证的基础上,依据设计说明书,结合有关生产实践,确定与物料接触部位采用 316 L,与热风接触部位采用 310S,其余选择以 SUS304 为主体结构材料,丙烷燃烧量为 3~10 kg/h 的 WRG10 型燃烧机作为该试验的热量供给系统。并将其应用于 UNH 气流式喷雾干燥、热解脱硝制备高活性 UO_3 工艺技术试验系统上,通过试验验证其可行性。

2. 供料泵的选型

根据试验需要,结合市场调研选定型号为 GF10-2,最大流量 100 L/h,压力 0~1.2 MPa(可调),功率 0.55 kW,与物料接触部位采用 316 L,采用锭子氟橡胶膜片的螺杆式送料泵作为试验系统的供料装置。该泵采用变频调速,根据进风温度与尾气温度,通过变频器直接调节送料泵的转速。该设备具有提供压力大、输送料液的容积不易发生变化,可借助调速器对料液流量自动调节等特点。

3. 供料罐的设计

供料罐选择 316 L 不锈钢作为主体材质,其含有搅拌装置,电机功率为 100 W,储料量 50 L,夹层内装有电加热装置,可调节物料温度。

4. 脱硝反应器的设计

由于料液中存在强腐蚀性物质如硝酸等,试验系统脱硝反应器的主体材质选择不锈钢 SUS904L,结合市场调研,外形结构设计为 Φ1 500×4 000 的筒状结构。其具体尺寸计算见设备设计图纸。

5. 旋风分离器的选型

根据《设计说明书》,尾气总量约为 130.52 m^3/h。结合市场调研,旋风分离器除尘效率可达到 95%左右,且具有结构简单、无运动部件、造价便宜、维护管理方便、可在高温环境下工作等特点,采用 XLP/B-4.2 高效旋风分离器作为试验系统的物料收集装置。

6. 袋式除尘器的选型

考虑到产品回收率和环境污染,试验系统应设置二级收料和除尘装置。结合市场调研,袋式除尘的具有除尘效率高、运行稳定、适应性强,并且还能有效捕集对人体危害最大的 5 μm 以下的超细的微小颗粒的优点,采用 MC-24 型高温布袋除尘器作为试验系统的二级收料及除尘装置。

7. 排风机的选型

为了提高 UO_3 产品的活性，试验系统应保证 3.3～87 kPa 的压力，因此系统尾端需要设置较大功率的排风机。结合市场调研，选定功率 4 kW 的 9-19-4.5 A 风机作为试验系统的压力控制装置。

8. 尾气净化装置的选型

由于尾气中含有一定量的有害气体如氮氧化物等，为了防止环境污染及人员伤害，试验系统需设置尾气处理装置对其进行吸收净化处理。结合调研论证，在模拟料液第一试验阶段可采用将尾气管道浸入碳酸钠槽的方法进行尾气吸收，待整体系统安装至第一分公司进行第二阶段的模拟料液试验后可建立碱液配制槽、碱液循环泵、淋洗塔等尾气处理系统。

试验装置具体规格型号及参数见表 8-2。

表 8-2 主要设备一览表

系统	名称	规格型号	数量	材质	备注
燃烧喷料系统	供料罐	JBT-50	1	凡与料液接触部分均为 316 L 不锈钢	含有搅拌装置，电机功率为 100 W，储料量 50 L，夹层内装有电加热装置
	螺杆泵	GF10-2	1	与物料接触部位 316 L，锭子氟橡胶	最大流量：100 L/h，泵工作压力：0～1.2 MPa(可调)功率：0.55 kW
	送料管道	DN20	1 套	与物料接触部位 316 L	“母子管道”夹层内通有热水保温
	燃烧室	WRG10	1 套		与物料接触部位 316 L，与热风接触部位 310 S，其余 304
	点火装置	外购	3	组合件	含自动点火器、火焰监测器及阀门等
	罗茨风机	WHR50	1 套	Q235	功率：1.1 kW，变频调速
	冷却泵		1 台	组合件	1.1 kW
	冷却管道	DN20	1 套	304	无缝钢管及连接软管
	冷却水箱	SX-0.2	1 台	304	储水量 200 L
干燥塔系统	内筒体	Φ1 500×4 000×500° 总高 9 米左右（含操作高度）	1	Q235	直筒与塔顶：材质 904 L 不锈钢，δ=2 mm；加强筋：材质 Q235δ=5 mm；锥体材质为 316 L，δ=2 mm
	塔顶	YPG10	1	Q235	骨架采用优质型钢，钢板 δ=5 mm，面板材质 304，其余 Q235
	骨架及导向板	YPG10	1	Q235	骨架采用 5#角钢，材质 Q235，导向板材质 Q235，δ=3 mm
	保温板		1 套	304	材质 304，δ=0.7 mm
	观察门	TM500	2	组合件	内壁材质 316 L，外壁 304
	照明灯	TG20	1 套	组合件	灯孔材质 316 L
	平台及楼梯		1	优质型钢	主要有工字钢、槽钢、角铁、花纹板及钢管组成
	保温材料		1 套	硅酸铝	
	气锤	QC-40	6 套	组件	

续表

系统	名称	规格型号	数量	材质	备注
收料除尘系统	出风管道	ϕ133×2	1套	316 L	δ=2 mm
	旋风分离器	XLP/B-4.2	1台	316 L	δ=2 mm
	布袋除尘器	MC-24	1套	组合件	钢板材质 316 Lδ=2 mm,布袋为高温布袋。
	排风机	9-19-4.5A	1台	组件	4 kW,接触物料 316 L
	气动阀门	QF-220	2台	接触物料 316 l	δ=2 mm,采用气缸调节 一个是单层,另一个是双层
	关风器	GFF220	1台	接触物料 316 L	1.1 kW
电器控制系统	控制柜壳体		1台	材质 Q235	δ=1.5 mm 喷涂处理采用触摸屏全触摸控制,具有动力配电功能的电器柜
	变频器	欧瑞产品	3	组合件	送料泵、罗茨风机、引风机均采用变频控制
	温度及压力控制		1套	组合件	
	电器元件		1套	组合件	所有保护器件、操作器件及执行器件均采用施奈德产品
	PLC	汇川品牌	1套	组合件	
	触摸屏	昆泰品牌	1	组合件	

(三)试验步骤

1. 试验系统的建立

1.1 试验场地的选择

模拟料液试验第一阶段:试验场地由厂家确定,但应能够提供满足试验要求的压缩空气、自来水及设备用电。

模拟料液试验第二阶段:由于第一分公司铀转化01-5厂房具备完整的水、电、蒸汽管网,因此拟选定于该处搭建试验操作平台。

1.2 工艺设备的安装

工艺设备安装要求:

1)脱硝反应器、燃烧室安装时应确保中心二流体喷嘴与水平面垂直;

2)脱硝反应器、燃烧室和供料泵需搭建操作平台,保证可进行人工操作;

3)供料罐在安装前要做清洁、水洗等处理;

4)供料罐、螺杆泵、冷却水泵、冷却风泵及辅助设施的安装要按照相关机械要求进行安装。

1.3 工艺管道的敷设及阀门安装

1.3.1 工艺管道的敷设

1)主工艺管线的敷设

敷设主工艺管线按如下流程进行:

工艺尾气→排风机→布袋除尘器→旋风分离器→脱硝反应器→燃烧室→螺杆泵→供料罐。

2）辅助管线的敷设

其他辅助管线主要包括尾气管道、压空管道、放空管道等。

其中，系统中产生的尾气通过自来水吸收后进行排放；压空管道根据现场罗茨风机的安装情况进行敷设。

3）工艺管道敷设要求

a）管道敷设遵循便于控制、就近连接原则；

b）系统中设置的取样口，应尽量靠近水龙头，便于试验过程中的应急处理。

1.3.2　工艺管道阀门清洗要求

1）用自来水对工艺阀门进行冲洗；

2）清洗完后用干净的白布擦拭工作表面，不允许有污物、锈迹、油渍、纤维等杂物。

1.3.3　工艺阀门试压要求

1）气压密封性试验目的是检验阀门密封性能，试验介质为干燥的压缩空气，试验压力为阀门设计压力；

2）试验时将阀门关闭，接通气源，达到阀门设计压力后切断气源，保压 30 min，观察压力表指示无变化和可疑部分检查无漏为合格。

1.4　电仪设备的安装及调试

1.4.1　电气设备的安装调试

1）电气设备安装前要求

a）将泵类设备及风机的电机解体检查、清洗上油；

b）将清洗后的电机空载送电，检查电机转动是否平稳无异响，使用钳形电流表测量电机电流是否在正常范围内，检查电机转向。空载转动 15 min 检查电机温度是否异常升高；

c）将燃烧室进行外观检查，同时检查点火装置是否有效可靠。

2）电气设备的安装调试

a）各电气设备电源的敷设要符合规范，所提供的电源容量要符合设计要求；

b）各电气设备要有可靠的过流保护装置，需要接地的必须可靠接地；

c）泵类设备的电机在安装后首先确定转向是否正确；

d）电机需进行 15 min 的带负载试验，检查电机电流是否异常，电机有无异常升温。

1.4.2　仪表控制系统的安装调试

1）仪表控制系统的安装前要求

a）仪表使用的压力表，在安装前必须仔细核对与设计要求的型号、规格、量程是否一致。在进行精度标定合格后方可安装；

b）供料罐液位计在安装前必须仔细核对与设计要求的型号、规格、量程是否一致，需进行单体设备调试，功能正常方可使用；

c）贮槽电子秤先进行空地负载试验，使用标准砝码加载至满量程，计算各组数据无超差方可安装，安装在使用位置后再标定一次方可使用；

d）数字显示控制仪表在安装前必须仔细核对与设计要求的型号、规格、量程是否一致，进行精度标定后方可安装。

2）仪表控制系统的安装调试

a）检查并确保控制系统的电源供电符合要求后送电；

b）检查各温度、压力、液位、电子秤指示正常；

c）检查并确保反应器温度数据正常。

1.5 现场设备的验收

在进行单体试验前，项目组需对整体设备、管道、阀门等进行工艺、机械、电仪方面的验收，确保厂家提供的设备、管道及阀门等符合前期设计要求，并且满足试验工艺控制条件，同时需将验收结果进行记录。

2. 设备单体试验

2.1 单体试验要求

根据要求对相关转动设备进行调试，涉及搅拌器一台，螺杆泵 1 台，冷却水泵 1 台，冷却风泵 1 台，风机 2 台，需逐台进行无负荷运转试验：启动设备运转 15 min，合格要求：运行稳定无干扰和异响，电机电流稳定且不超过额定值。

如有异常摩擦声响或轴承温度过高、电机电流超额定值等情况发生，由项目组专业人员先进行原因分析，再针对不同情况采取措施。

电气仪表设备调试，分别对电气、仪表设备按相关标准或规定进行调试、校验，使之符合工艺要求。

设备单体调试过程中发现不符合相关规定、标准时，调试人员须将具体情况详细记录，并将信息反馈回课题组，项目组汇集各专业技术建议后制定整改措施，并予以实施。

设备单体调试完成后，由调试人员填写调试记录，专业技术人员审核确认，调试记录存档。

2.2 设备单体试验

单体调试需在模拟料液第一阶段及第二阶段分别开展，以确保第一阶段设备、管道、阀门等安装初始状态完好，保证第二阶段运输过程中未对设备、管道、阀门等造成损害。

2.2.1 供料罐试验

向供料罐中注入液位约 75%的自来水，通过开启夹套内加热装置对其进行加热，根据自来水最终温度验证其加热效果，同时对搅拌装置通电进行搅拌调试，确保搅拌叶轮不会刮壁且带负荷运行时电机电流平稳。

2.2.2 螺杆式变频调节泵试验

为确保试验过程中进料压力及流量可控，需对该螺杆泵进行流量及压力的标定，具体调试方法如下：

1）向供料罐中注入液位约 75%的自来水，开启供料罐底部阀门，断开脱硝反应器底部法兰，连接管道至就近下水。

2）打开螺杆泵进口阀门，启动螺杆泵，并根据泵出口压力表显示值逐步调节泵出口阀门，使螺杆泵出口压力符合设计值。

3）调节螺杆泵频率逐渐至最大值，同时通过泵出口管道流量计记录其对应的流量及压力，并做出相应的频率、流量、压力曲线图。

2.2.3 排风机试验

1）关闭燃烧室物料及气体进口阀门、旋风分离器固体物料出口阀门、布袋式除尘器固体物料出口阀门。

2）开启排风机对整个系统进行排风，通过调节风机频率观察并记录脱硝反应器的压力表显示，确保反应器内压力最小能够达到 3.3 kPa(绝压)。

2.2.4 罗茨风机试验

1）关闭丙烷进口阀门，物料进口阀门，保证尾气系统畅通。

2）启动罗茨风机，并逐步调节其频率，记录其流量，验证空气流量是否能够达到 150 kg/h、压力是否能达到 0.38 MPa，并做出频率与流量对应曲线。

2.2.5 冷却装置试验

1）向冷却水箱注入液位约 75%的自来水，开启冷却水泵，使冷却水经过燃烧室、物料输送管道夹套后进入冷却水箱继续循环。

2）观察并记录循环水管道温度、进料管道温度，确保循环冷却水系统畅通。

2.2.6 燃烧室试验

1）关闭燃烧室物料及气体进口阀门、旋风分离器固体物料出口阀门、布袋式除尘器固体物料出口阀门。

2）开启排风机对整个系统进行排风，确保反应器内压力达到 3.3 kPa(绝压)左右。

3）启动罗茨风机，并逐步调节其频率，控制空气流量约 150 kg/h，压力为 0.38 MPa。

4）开启冷却水泵，使冷却水经过燃烧室，防止点火后高温气体对燃烧室烧穿。

5）向燃烧室通入丙烷，逐步调节流量至 4.8 kg/h 进行点火，点火成功后对反应器内上、中、下段温度、旋风分离器进料管温度、布袋除尘器进料管温度进行记录监测，验证燃烧后气体温度是否能够达到设定值，反应器上段温度是否能够达到 600 ℃。

2.2.7 物料保温管道试验

1）关闭燃烧室物料及气体进口阀门、旋风分离器固体物料出口阀门、布袋式除尘器固体物料出口阀门。

2）开启排风机对整个系统进行排风，确保反应器内压力达到 3.3 kPa 左右。

3）启动罗茨风机，并逐步调节其频率，控制空气流量约 150 kg/h，压力为 0.38 MPa。

4）开启冷却水泵，使冷却水经过燃烧室，防止点火后高温气体对燃烧室烧穿。

5）向燃烧室通入丙烷，逐步调节流量至 4.8 kg/h 进行点火，点火成功后对进料管温度、循环冷却水温度进行记录监测，验证循环冷却水通过与高温气体换热后能够保证进料管温度达到 80～100 ℃。

2.2.8 二流体喷嘴试验

1）开启螺杆泵进出口阀门，断开脱硝反应器底部法兰。

2）启动螺杆泵设定流量为 23 L/h 向反应器内通入自来水。

3）关闭丙烷进口阀门，开启罗茨风机逐步调节空气流量为 150 kg/h，压力为 0.38 MPa，观察喷嘴雾化效果，验证是否有水雾到达反应器壁形成水流，确保雾化角适宜。

2.2.9 冷却风泵试验

开启冷却风泵进出口阀门，启动冷却风泵，通过调节冷却风泵频率监测并记录旋风分离器进料管温度。

2.2.10 电气控制系统试验

通过调节控制螺杆泵、罗茨风机、排风机频率以及反应器温度、压力等监测数据，验证电气控制系统有效,现场测量元件准确,气动阀门开度与实际吻合。

3. 系统联动试验

3.1 试验前的准备

1) 试验前应对所有参加试验的工艺人员进行必要的岗位操作、理论知识等相关知识的培训,并通过考试,成绩合格后方可进行试验。

2) 确认试验线所有设备处于良好状态;电气设施应结合试车进行调试,使之能够满足试验的需要。计量器具应由专业计量部门定期进行检定,取得合格证后方可使用。

3) 确认原材料的规格、质量和数量能够满足试验的需要。

4) 所有参与试验人员试验前需穿戴好劳动保护用品,同时准备好与试验记录相关的物品。

3.2 系统测漏及吹扫

整套系统涉及氮氧化物气体及 Al_2O_3 的输送,需要保证系统的畅通性和密封性。

3.2.1 系统测漏

1) 关闭旋风分离器固体出口、布袋除尘器的气体、固体出口阀门,物料进口阀门。

2) 启动罗茨风机向系统通入空气,待反应器压力表显示 0.1 MPa 时,关闭罗茨风机进口,若压力维持 1 h 未变化,即认为系统气密性合格,若压力下降,则需对流体介质流经的所有阀门及管道测漏,特别是法兰连接处和焊缝处,对局部漏点进行消漏处理。

3) 测漏合格后开启布袋除尘器气体出口阀门对整个系统进行释压。

3.2.2 工艺管路吹扫

1) 关闭旋风分离器固体出口、布袋除尘器的气体、固体出口阀门,物料进口阀门。

2) 启动罗茨风机向系统通入空气,并以 0.1 MPa 的压力向系统吹气 1 h,对系统相关设备、管道以及阀门等在安装过程中残留的粉尘、杂物碎屑等进行清洁。

具体的吹扫线路如下:

空气→燃烧室→脱硝反应器→旋风分离器→布袋除尘器→风机→排空

3.3 尾气吸收系统调试

为了防止模拟料液调试时氮氧化物逸出对操作人员造成伤害,拟采用 5%碳酸钠溶液对尾气进行吸收。

3.4 系统水联动调试

1) 关闭燃烧室物料及气体进口阀门、旋风分离器固体物料出口阀门、布袋式除尘器固体物料出口阀门。

2) 开启排风机对整个系统进行排风,通过调节排风机频率确保反应器内压力表示数达到 3.3 kPa(绝压)左右。

3) 启动罗茨风机,并逐步调节其频率,控制空气流量约 150 kg/h,压力 0.38 MPa。

4) 开启冷却水泵,使冷却水经过燃烧室,防止点火后高温气体对燃烧室烧穿。

5) 向燃烧室通入丙烷,逐步调节流量至 4.8 kg/h 进行点火,使反应器上段温度达到 600 ℃左右,下段温度达到 350 ℃左右。

6) 向供料罐中注入液位约 75%的自来水,开启供料罐底部阀门,启动螺杆泵,调节水流量为 23 L/h。

7）通过调节冷却水泵确保物料输送管道温度维持在 80～100 ℃。

8）开启冷却风泵进出口阀门，启动冷却风泵，通过调节冷却风泵频率确保旋风分离器进料管温度低于 350 ℃。

9）根据反应器产生水蒸气的流量大小检测燃烧器的加热雾化效果，同时验证旋风分离器、排风机、袋式除尘器、尾气吸收的运行状况。

10）在丙烷流量不变的前提下，逐步改变压缩空气的质量流量为 100 kg/h、200 kg/h、250 kg/h，根据尾气出口的水蒸气流量判断其在干燥塔的雾化效果，同时验证压空流量改变对反应器内温度的影响。

11）验证完毕后，停止螺杆泵运行，关闭丙烷进口阀门，停止罗茨风机、排风机，使系统自然降至室温。

4. 模拟物料试验

模拟物料试验分两阶段分别进行，第一阶段在厂家开展基础试验、压空流量影响试验、压空压力影响试验、反应器温度影响试验、系统压力影响试验，通过改变工艺参数能够顺利获得 Al_2O_3 固体颗粒。第二阶段在第一分公司开展交叉试验，通过改变工艺参数获得活性较高的 Al_2O_3 固体颗粒。

4.1 模拟料液配制

向供料罐加入 $Al(NO_3)_3 \cdot 9H_2O$ 45 kg，开启供料罐内加热装置对其进行融化，同时开启搅拌装置，待加入的 $Al(NO_3)_3 \cdot 9H_2O$ 全部熔融完后保温备用。若仅依靠加热不能完全融化可依据实际情况加入少许水继续熔融。

4.2 基础试验

1）向碱液槽加入碳酸钠溶液准备进行尾气吸收。

2）关闭燃烧室物料及气体进口阀门、旋风分离器固体物料出口阀门、布袋式除尘器固体物料出口阀门。

3）开启排风机对整个系统进行排风，通过调整排风机频率确保反应器内压力表示数达到 3.3 kPa（绝压）左右。

4）启动罗茨风机，并逐步调节其频率，控制空气流量约 150 kg/h，压力为 0.38 MPa。

5）开启冷却水泵，使冷却水经过燃烧室，防止点火后高温气体对燃烧室烧穿。

6）向燃烧室通入丙烷，逐步调节流量至 4.8 kg/h 并进行点火，使反应器上段温度达到 600 ℃左右，下段温度达到 350 ℃左右。

7）通过调节冷却水泵确保物料输送管道温度维持在 80～100 ℃。

8）开启冷却风泵进出口阀门，启动冷却风泵，通过调节冷却风泵频率确保旋风分离器进料管温度低于 350 ℃。

9）启动螺杆泵，逐步调节频率使硝酸铝以 22.9 kg/h 的流量通入反应器。启动压缩空气震打装置防止物料沾壁，同时及时调整排风机频率使系统压力维持在 3.3 kPa。

10）待系统运行稳定后开启旋风分离器、布袋除尘器固体出口气动阀门进行物料收集，并对其进行粒径及比表面积的测量。

11）根据物料收集情况可按下表对系统工艺参数进行调整，以确保脱硝反应状态达到最佳，最终确定最优工艺参数，如表 8-3。

表 8-3　工艺条件和控制项目

控制项目	测量方法	控制范围	控制方法
反应器压力	压力表	3.3～87 kPa	调节排风机频率
反应器上段温度	温度计	300～600 ℃	1 调节丙烷流量 2 调节压空流量
压空流量	流量计	～150 kg/h	调节罗茨风机频率
压空压力	压力表	～0.38 MPa	调节罗茨风机出口阀门
丙烷流量	流量计	～4.8 kg/h	调节储气罐出口阀门
旋风分离器进料管温度	温度计	＜350 ℃	调节冷却风泵频率
料液流量	流量计	～22.9 kg/h	调节螺杆泵频率
物料伴管温度	温度计	80～100 ℃	调节冷却水泵频率

4.3　压空流量影响试验

在不改变基础试验确定的其他参数的情况下,逐步调整压缩空气流量,使压空质量流量为 100 kg/h、200 kg/h、250 kg/h,系统运行稳定后开启旋风分离器、布袋除尘器固体出口气动阀门进行物料收集,并对其进行粒径及比表面积的测量,依据测量结果找出压缩空气流量改变对产品物性的影响。

4.4　压空压力影响试验

在不改变基础试验确定的其他参数的情况下,逐步调整压缩空气压力,使压空压力为 0.28 MPa、0.48 MPa、0.58 MPa,系统运行稳定后开启旋风分离器、布袋除尘器固体出口气动阀门进行物料收集,并对其进行粒径及比表面积的测量,依据测量结果找出压缩空气压力改变对产品物性的影响。

4.5　反应器温度影响试验

在不改变基础试验确定的其他参数的情况下,逐步调整丙烷用量改变反应器上部温度依次为 300 ℃、400 ℃、500 ℃,系统运行稳定后开启旋风分离器、布袋除尘器固体出口气动阀门进行物料收集,并对其进行粒径及比表面积的测量,依据测量结果找出反应器温度改变对产品物性的影响。

4.6　系统压力影响试验

在不改变基础试验确定的其他参数的情况下,逐步调整排风机改变系统压力依次为绝压 10 kPa、30 kPa、70 kPa 重复基础试验操作,系统运行稳定后开启旋风分离器、布袋除尘器固体出口气动阀门进行物料收集,并对其进行粒径及比表面积的测量,依据测量结果找出系统压力改变对产品物性的影响。

4.7　工艺参数全面试验

在上述试验完成后,可进行模拟料液系统的全面试验,控制工艺条件分别为:压空质量流量 100 kg/h、200 kg/h、250 kg/h;压空压力 0.28 MPa、0.38 MPa、0.48 MPa;反应器上段温度 300 ℃、400 ℃、500 ℃;系统压力 10 kPa、30 kPa、70 kPa,依据产品粒径及比表面积的测量结果找出各影响参数改变对产品物性的综合影响。

4.8　长期运行稳定性验证

试验系统完成所有试验内容后，为保证系统的安全稳定性，还需要对系统进行长期运行稳定性的考核验证。按设计投料速率运行至少72 h，综合考察系统各项指标。

4.9　数据记录及处理

依据试验数据找出粒径、比表面积等物性参数与丙烷用量、反应器温度、压缩空气量及系统压力的关系，确定最合适的工艺控制参数。具体数据记录表格见附件。

5. 试验停车

5.1　正常停车

对于正常停车，应遵循下列要求：

1）停车条件

a）完成试验任务，可正常停车；

b）停止试验，进行设备大修。

2）停车

a）接到停车指令后，停止螺杆泵物料输送，关闭丙烷及压空进口阀门，尾气继续进行水吸收15 min；

b）开启供料罐底部阀门，将供料罐内剩余物料进行导出，同时加入自来水，按照系统水联动试验步骤进行水冲洗；

c）冲洗完毕后，启动罗茨风机利用压缩空气对相关管线进行吹扫，关闭系统相关阀门，以待下次开车；

d）整理各种工器具，文本资料并妥善放置，请电工、仪表工停仪表盘电源。

3）停车注意事项

a）必须将各容器及管线中液体排放干净；

b）对主体设备脱硝反应器、燃烧室、贮槽及相关管道等检修时，必须吹扫、置换干净。

5.2　临时停车

对于临时停车，应遵循下列要求：

1）停车条件：当原材料、动力、能源供应不足或开展检修(抢修)工作，可临时停车。

2）停车权限：发生需临时停车的情况时，应先报告课题负责人及相关领导，同意后方可停车。

3）停车

a）当原材料、动力、能源供应不足时，参照5.1中2)条进行停车；

b）必要时，只需停止工艺运行，只将进行检修或抢修的设备及管线及关联系统停车。

4）停车注意事项

a）停车前应认真检查工艺设备状况，并记录好设备的工作状态；

b）对检修设备及相关管道等必须吹扫、置换干净；

c）严格按规程规定和指令停车。

5.3　紧急停车

对于紧急停车，应遵循下列要求：

1）停车条件

有下列情况下可紧急停车：

a）转动设备卡死，且较长时间无法恢复；

b）突然停水、停电；

c）其他迫使不能试验的情况。

2）停车权限：发生需紧急停车的情况，能及时处理的处理，不能处理的及时请示课题负责人及相关领导。

3）停车

a）关闭螺杆泵，停止燃烧室运行，停止风机，最后停止自来水尾气吸收；

b）排除故障后，对故障设备、管道进行验收，确认合格后，可投入生产运行。

4）停车注意事项

a）对需要处理的设备及相关管道等必须吹扫、置换干净；

b）岗位人员紧急处理时，必须穿戴好劳动防护用品。

5.4 其他停车注意事项

停车过程中，应注意以下事项：

1）停车过程应与其他工序联系协调相关停车事宜，运行中承压的、已存有物料而未经处理的设备，必须消除其危险隐患，使之处于安全状态下方可停车；

2）卸压操作应缓慢进行，在压力接近大气压但未排空前不得拆卸设备；

3）降温时应切断热源，以自然降温的方式，使设备降至常温；

4）停车前应用压缩空气将设备、管道中的有毒有害气体彻底置换；

5）对存有酸、碱等腐蚀性液体或经酸洗、碱洗后的设备应进行中和处理，防止设备腐蚀；

6）关键设备严重故障，造成重大以上事故发生时，要在保证人员安全的前提下组织停车。